KB264733

나가며

들어가며

우리는 사회적 동물로서 상호의존적인 존재이다. 우리는 살아가면서 개인적이고도 사회적인, 의도적이고도 자발적인, 그리고 우연이고도 필연인 돌봄을 쉴 새 없이 경험한다. 그렇기에 우리는 늘 돌봄에 관해 이야기해야 하며 돌봄을 모두의 것으로 만들기 위해 노력해야 한다는 점에는 의심의 여지가 없다.

하지만 돌봄의 가장 기본적인 원천이었던 가족 제도가 빠르게 와해되는 상황에서, 우리는 일상에서 다양한 창구로 돌봄의 위기를 체감한다. 이런 위기의 원인은 돌봄과 돌봄 노동이 오랫동안 폄하되어 온 역사에 기인한다. 부당하게도 대부분의 가정에서 돌봄은 여성이 맡아 해야하는 것으로 당연시되어왔고, 사회에서도 여성들은 저임금으로 돌봄 노동을 해왔다. 이에 따라 돌봄 노동은 '여성적'이고 '비생산적'인 일로 여겨지며 저평가되어 왔으며, 여전히 저임금과 낮은 사회적 지위에 묶여 있다. 현재 우리의 돌봄 현장은 노동의 비가시성과 가치 절하에 맞서면서도 효율성과 생산성이라는 돌봄에 본질적으로 대치되는 가치에 부응해야 하는 모순으로 얼룩진 치열한 투쟁의 장일 것이다.

우리는 학교에서 자연스럽게 건축은 공간을 생산하는 행위라고 학습했다. 그렇기에 「SOFA」 3호에서 논했듯 "적어도 수천만 원의 재화와 여러 인력이 투입되는" 건축은 생산을 가장 중시하는 산업 구조를 따르고 효율성을 추구할 수밖에 없는 업의 특성을 의심하지 않는다. 그렇다면 '생산'보다는 '곁에 있어 주기', '효율성'보다는 '의존성'과 '취약성'을 논하는 돌봄은 건축과 어떤 선상에 놓일 수 있을까? 이번 호를 기획하며 SOFA가 가장 처음으로 던졌던 질문이다.

이 시점에서 건축의 기원을 더듬어 상상해본다. 혼자서는 살 수 없는 내가 '너'와 함께 비를 피하고자 지붕을 만드는 그 순간 건축이 탄생했을지도 모른다. 그동안 우리는 지붕을 만드는 행위가 곧바로 건축이라고 생각했다. 하지만 우리가 놓치고 있었던 것은 지붕을 만드는 이유, 서로를 안전하게 돌보고자 하는 그 마음이 아닐까? 어쩌면 건축 행위는 돌봄 노동임과 동시에 돌봄을 외주화하는 수단일 수도 있다.

건축을 둘러싼 돌봄 노동의 방대한 규모에도 불구하고, 그것이 무엇인지, 그것이 우리가 관습적으로 생각하는 '건축하기'와 무엇이 다르고 같은지 그 실체를 알지 못했다. 건축계는 아직 그 돌봄의 체계를 샅샅이 해체해 보지 않았다. 그렇기 때문에 우리는 그 실체를 모르고, 어떤 것들이 보이지 않는지조차도 모른다. 이는 공간을 지속 가능하게 하는 노동의 가치를 온전히 인정하지 않는 뿌리 깊은 문화가 건축계에서도 존재하는 것이다.

'생산'의 강박에서 벗어난 건축의 본질이 '돌봄'일 수 있다는 가설을 조심스럽게 세운다. 내 몸을 돌보기 위해 우리는 옷을 만들고 집을 짓는다. 나와 타인을 돌보기 위해 건물을 짓고, 나와 접점이 없는 사람들까지 돌보기 위해 도시를 만든다. 그렇게 지어진 도시와 건물은 다시 우리를 돌본다. 돌봄이라는 렌즈를 통해 건축을 다시 바라보면, 공간의 생산이라는 틀을 넘어 '건축하기'의 본질이 같이 살 집을 만들고 환경을 조성하는 것에 있음을 발견할 수 있다.

SOFA는 건축이라는 행위를 통해 돌봄을 경험하고 제공할 수 있는 특권을 가진 집단일 수도 있다. 페미니즘을 고민하는 집단으로서 돌봄 노동의 젠더 불균형에 대한 해답을 단순히 돌봄의 외주화로 해결하려 해서는 안 된다는 책임감도 가지고 있다. 따라서 우리는 이러한 특권을 함부로 행사하기 전에, 주변에서 이미 치열하게 행해지고 있는 수많은 돌봄의 실천들을 차분하게 관찰할 필요가 있다. 하지만 이때 매들린 번팅의 말처럼 "좋은 돌봄은 기술인 만큼이나 예술"이며, 돌봄 과정은 지극히 개인적이어서 결코 표준화될 수 없다는 점도 잊어서는 안 된다.[1]

이번 호에서는 돌봄을 하나의 틀 안에서 이해하지 않고 돌봄의 대상을 건축에서 도시, 사회로 확장해 각자의 지평선에서 바라본다. 돌보는 주체로서 인간이 타인을, 타 생명을, 비인간적 존재를 어떻게 돌보는지 자신만의 방식으로 탐구한다. 그렇게 **《혼자이지 않은 건축: 돌봄을 돌아봄》**은 우리가 무엇을 위해 건축을 하는지 물으며 건축의 본질을 돌봄으로 재정립하고자 하는 여섯 가지 차원의 시도이다.

---

1) 매들린 번팅, 김승진 옮김, 『사랑의 노동』, 반비, 2022, 22쪽.

1장 〈찬찬히 관찰하기〉는 먼저 '없어도 상관없지만 있으면 좋은 거지 뭐' 같은 다소 무관심한 태도 때문에 우리는 주변에서 일어나고 있는 수많은 돌봄의 행위들을 읽어내지 못하는 상황을 인지한다. 그리고 눈을 크게 뜨고 귀를 활짝 열어 주변을 찬찬히 관찰하며 발견한 점들을 이야기한다. 2장 〈비인간 돌보기〉는 돌보는 주체로서 인간이 아닌 존재들, 비인간이 하는 역할이 있다는 점에 주목한다. 역전된 관계를 통해 지구에서 인간의 자리를 다시 찾아보는 다양한 노력을 조명한다. 3장 〈들추고 끄집어내기〉는 건축과 도시에서 소외된 자들을 들춰 보고 표면으로 끄집어내보는 다소 도발적인 작업이다. 그리고 잔잔한 침묵을 깨고 우리가 할 수 있는 것은 정말 없을지 질문한다. 4장 〈나를 살피기〉는 일상의 무게에 짓눌려 우리가 때때로 나 자신마저 잊어버리는 상태를 있는 그대로 보여준다. 자신을 살피는 과정을 통해 다시금 주변을 돌볼 힘을 충전한다. 5장 〈손잡고 균열 메꾸기〉는 함께 나눈 이야기로부터 돌봄의 위기를 발견하고, 어떻게 하면 더 잘 돌볼 수 있을지 고민한 흔적을 담고 있다. 이 장의 필진들은 같이 글을 쓰고 연대하며 돌봄의 균열을 조금씩 메워 나간다. 마지막 6장 〈돌아보기〉에서는 벌써 5년 차가 된 SOFA가 어떻게 여전히 다양한 건축계의 여성들을 서로 연결하고 연대하는 장을 꿈꿀 수 있는지 SOFA의 시간을 살펴본다. 서로가 고립되지 않게 함께 발버둥쳤던 기억들을 떠올리며 다시 한번 서로를 다독인다.

SOFA는 벌써 다섯 번째 책의 출판을 앞두고 있다. 3호에서는 '건축하기'의 경험을 기록하며 건물의 생산 과정을 추적했고, 4호에서는 여성 건축인들이 겪는 다양한 불안을 되돌아보았다. 5호에서는 그동안 우리가 경험하고 목격한 돌봄을 돌아봄으로써 회복적 글쓰기를 시도했다.

출간을 거듭하며 책이 점점 두꺼워진다. SOFA의 필진들이 그만큼 점점 나에 대해, 내가 살아가고 있는 이 공간에 대해, 이 사회에 대해 할 말이 많아졌기 때문이라고 생각한다. 할 말이 많아진 만큼 각자가 서로 다른 세계를 바라보고 있을지도 모른다. 그러나 각자의 세계를 더 깊이 탐구하면서도, 다른 세계를 만들어가고 있는 존재를 인지하고 존중하며, 함께 나아가야 할 방향성을 '회복'하고 정렬해 나가려는 마음이 바로 이 책의 근간이자 SOFA의 출판이 지속되어야 할 이유 아닐까.

물론 마감의 과정은 항상 지난하며, 회복적이기보단 소진적인 것도 사실이다. 그 지난한 과정을 같이 걸어와준 필진과 편집팀, SOFA 회원들에게 감사한 마음뿐이다. 끝으로, 각자의 돌봄 네트워크 안에서 돌보고 돌보아지며 살아가고 있을 독자에게 이 책이 하나의 응원 메시지처럼 들렸으면 좋겠다. 돌봄의 다채로운 가치 중 재화적 가치만 점점 부각되는 이 세상에서 우리가 보다 능동적인 돌봄의 주체가 되어 나와 너, 그리고 우리의 건축을 둘러싼 불안에 함께 저항할 수 있기를.

SOFA 편집팀

2024. 10.

찬찬히 관찰하기 ——

여자 화장실에 식물들이 자라요

진

칙칙한 회색 인테리어의 5층 여자 화장실에는 작지만 한없이 푸르른 밀림이 있다. 그곳에는 각기 다른 푸른빛을 뿜어내는 식물들이 자란다. 내가 자교 대학원생이 되면서 더 오랜 시간을 보내게 된 건축학과 건물의 5층 여자 화장실은 약 2년 전 리모델링됐다. 리모델링 이후 화장실 청소 칸 주변으로 화분에 담긴 식물들이 하나둘씩 등장하더니 이제는 다층 선반 세 개와 그 사이 바닥까지 화분들이 빼곡히 들어서 있다.

'오! 누가 이 누추한 화장실에 이런 귀한 화분을!' 처음 예쁜 식물이 담긴 화분이 등장했을 때는 도파민이 돌았다. 하지만 점점 화분의 개수가 늘어나면서 감정도 무뎌졌다. 식물들이 늘어나는 만큼 그들의 존재 배경과 이유에 대해 더 궁금할 법도 했으나, 나는 어느 순간부터 활짝 핀 꽃들을 무심하게 응시했고 화장실 안 그들의 존재를 당연하게 받아들였다.

　그러던 어느 날, 5층을 오가며 자주 마주치는 청소 여사님(이하 여사님)이 콧노래를 옅게 흥얼거리며 여자 화장실 안에 있는 화분들에 물을 주고 있는 모습을 목격했다. 그제야 나는 깨달았다. 온갖 악취와 배설물이 응집하는 화장실임에도 불구하고 내가 느꼈던 아름다움, 신선함, 쾌적함이 결코 당연한 것이 아니라는 사실을. 내가 무심코 누렸던 사치스러운 감정들은 그녀의 노동과 시간으로 만들어진 것이었지만, 나는 그 이면을 전혀 인지하지 못하고 있었다.

　여사님이 여자 화장실 속 작은 식물원의 최소 관리자 역할을 하고 있다는 것을 알게 되자 머릿속에서 질문들이 꼬리에 꼬리를 물고 이어졌다. 이렇게 식물을 가꾸는 게 그녀 업의 영역, 즉 청소 및 관리 업무의 일환일까? 아니면 그녀가 이 많은 식물의 주인일까? 그녀의 이야기가 궁금해졌다. 그녀는 어떤 사람일까? 그녀는 어떤 동기로, 무엇을 위해 여자 화장실에서 아름다운 식물원을 만들어 나가고 있을까? 궁금함을 참는 것에 소질이 없는 내가 선택한 전략은 그녀를 마주칠 때까지 화장실 입구에서 서성거리는 것이었다. 그리고 청소 카트를 끌고 오는 여사님을 붙잡고 무작정 시간을 조금 내어달라고 부탁했다. 감사하게도 시간을 내어주셨고 나의 다소 정제되지 않은 질문들 하나하나에 친절하고 다정하게 답해주었다.

진

그녀는 누굴까?

여사님은 2013년부터 11년 넘게 서울대학교에서 청소 노동자로 근무하고 있다. 처음에는 수의과대학으로 발령받아 8년 동안 수의과 건물의 세 개의 층을 맡아 청소하는 업무를 담당했다. 그러다 2018년부터 고용의 형태가 유기 계약직에서 무기 계약직으로 전환되면서 다른 서울대학교 교직원들과 같이 3년마다 부서를 옮기며 일하게 됐다. 그렇게 그녀는 현재 내가 주로 서식하는 건축학과 건물 5층에 2021년 3월 2일 자로 발령받았다.

가장 궁금했던 건 그녀가 식물을 열심히 돌보는 이유였다. 뭔가 쾌적하고 좋은 공간에 대한 멋들어진 철학이 있을 것이라고 내심 기대했던 것일까? 그녀의 대답이 무척 솔직, 담백해서 되려 뒤통수를 맞은 기분이었다. 그녀의 대답을 요약하자면 '그렇게 하는 것이 좋아서'였다. 좋다는데 그 누가 뭐라 할 수 있을까. 딴지를 걸 수 없는 지극히 개인적인 이유였다.

저는 시집와서 시어머님 댁이 개인 주택이다 보니까 주변에 밭 같은 것도 있고, 꽃도 많이 가꾸고 이래서 그런 영향을 많이 받았었는데, 이제 저도 나이가 들고 자식들이 다 성장해 출가하면서 시간이 좀 남으니까, 식물들이 자꾸 눈에 들어오더라고요. 그리고 이렇게 식물들이 쑥쑥 자라는 게 하루하루 다르잖아요. 특히 여름 채소 같은 거 보면 진짜 매일매일 달라요. 그런 성장하는 모습들을 보면서 '땅은 거짓말을 안 한다. 심은 대로 거둔다.'가 정말 맞는 말이구나 이런 생각을 했어요.

제가 이 39동 5층으로 발령받았을 때 이곳에는 화초가 없더라고요. 그런데 화장실 공간을 리모델링하면서 여자 화장실의 뒤쪽 공간이 약간 남게 됐어요. 그전에는 거기에 히터가 있었는데 이제 위로(천장에) 냉난방기가 설치됐잖아요. 그래서 공간이 좀 남는데 그 공간을 보니까 조그맣게 카페처럼 의자 놓고 했으면 좋겠다는 생각이 드는 거예요. 근데 내 마음대로 할 수도 없고 의자까지 놓기에는 공간을 너무 많이 차지하더라고. 그래서 화초를 하나씩 바닥에 놓기 시작했어요. 그 정도 내가 이용해도 학생들이 불편하지 않겠다 싶었어요.

제가 이제 집에 워낙 화초가 많다 보니까 여기로 한둘씩 가져다 놓았는데, 보니까 예쁜 거예요. 제가 집에 있는 시간보다 여기 있는 시간이 더 많잖아요. 그러니까 집에서 예쁜 것들을 더 들고 오는 거예요. 그래서 그렇게 갖고 오고, 그것들이 여기서 또 자라면 잘라서 또 새롭게 심고 키우고…그러다 보니까 화초가 더 늘어났어요. 처음에는 화초를 바닥에다 놓았어요. 바닥에 큰 화분을 두면 화초가 화분도 가릴만큼 화려하게 쫙 펴서 예뻐가지고 막 사진 찍고 그랬어요. 근데 그렇게 하다 보니까 바닥은 공간이 한정돼 있어서 아파트처럼 위로 올라가야 하겠다고 생각했어요. 그래서 이제 선반을 가져와서 거기다 식물을 놓은 거예요.

한두 개씩 슬그머니 여자 화장실 공간에 등장했던 식물들은 어느새 '아파트'처럼 위풍당당 위로 쌓이기 시작했다. 그렇게 식물을 두었던 화장실의 자투리 공간이 식물원으로 변해가는 시간 뒤에는 그녀의 '자발적인' 돌봄 노동이 있었다. 아무도 관심 두지 않았던 공간, 그리고 돌봄이 없었다면 지금까지도 아무것도 없는 채로 남아 있을 공간을 그녀는 혼신의 힘을 다해 가꾸고 있었다.

일하다 쉬는 시간에 다른 동료들을 보면 그냥 자거나 30분이라도 좀 푹 쉬고 이러는데 저는 그 시간에 애들(식물들)을 돌봐주는 거예요. 분갈이도 해주고 산목도 해서 또 키우고 … 그렇게 하면 주말이 오는데 물을 많이 먹는 애들은 매일 먹어야 하는데, 이틀씩 애들이 물을 안 먹고 하니까 이제 월요일에 제가 학교에 오면 막 불안하더라고요. 또 겨울 같은 경우에는 '얘네들

진

선반에 가지런히 식물들이 놓여 있다. 잎에선 윤기가 흐른다.

춥지 않았나?' 그렇게 걱정되고. 그래서 매일 한 시간씩 일찍 와서 애들 먼저 돌보고 또 쉬는 시간 중간중간에 돌보고 뭐 그런 정도로 해요. 그리고 만약 무슨 휴일이 꼈다든가 하면 출근하지 않는 날이 막 5일이 연속으로 있을 수도 있어요. 그럴 때 저는 이틀에 한 번씩 여기 와요. 일하는 날도 아닌데, 얘네들 때문에 와요. 그거는 내 다음아니까. 내 마음이니까 이제 그렇게 하죠. 작년에 12월에 저희 엄마가 돌아가셨어요. 작년 12월 중순에 돌아가셨는데 그때도 중간에 제가 여기에 왔다 갔어요. 식물들이 마음에 걸려서요.

그리고 그녀의 자발적인 돌봄은 섬세하다. 단순히 좋아하는 식물을 갖다 놓는 것이 아니고 치열한 고민과 실천들로 돌봄이 행해지고 있었다. 꽃이 피는 시기와 빈도에 따라 꽃이 너무 자주 피는 식물들은 꽃잎 때문에 화장실이 지저분해질까 봐 다른 장소에 갖다 놓는다. 햇빛이 잘 들어오지 않는 화장실은 식물이 자라기 좋지 않은 환경임에도 불구하고 그녀 덕에 식물들은 싹을 틔우고 꽃은 활짝 피었다. 그 싱그러움 덕분에 여자 화장실 이용자들은 하루에 한 번이라도 더 흐뭇한 미소를 짓는다.

얘네들 중 햇빛을 봐야 할 건 제가 창가 쪽으로 내놨어요. 그리고 이제 햇빛을 너무 많이 보면 또 죽는 애들도 있어요. 그래서 그런 애들은 여자 화장실 공간이 딱 맞죠. 근데 겨울에는 해가 너무 안 드는 거예요. 그래서 제가 집에 식물 등이 몇 개가 있는데 작년에는 그거를 하나 갖다가 여기다 설치를 해봤어요. 저 식물 공간 바로 옆에 있는 걸레 빠는 세탁실 같은 곳에 코드가 있어서 거기에다 등을 꽂아서 사용해요. 사실은 이거 알면 철거하라고 할 것 같아서 살짝 하나 갖다 놓고, 또 요새는 여름이라 햇빛이 있으니까, 주말에 그냥 한두 번 정도는 끄고 갔어요. 근데 끄고 가니까 얘네들이 힘이 없는 것 같아서 오늘 아침에도 다시 켜놨어요.

밤낮으로 여자 화장실의 식물들은 집중 관리를 받는다.

아슬아슬 공용 공간 돌보기

이렇게 섬세하게 공간이 돌봐지고 가꿔지는 과정에서 누군가는 불편해할 수 있고 또 누군가는 왜 화장실에 '누군가'의 허락 없이 식물을 갖다 놓고 식물 등까지 설치했는지 따지고 들 수도 있다(이때 '누군가'는 누구일까도 또 다른 재미있는 문제다). 왜냐하면 화장실은 엄연한 공용 공간이기 때문이다. 불편한 '누군가'는

진

공용 공간은 누구나 자유롭게 사용할 수 있어야 하며, 특정 개인이 마음대로 물건을 놓아두어 사유화해서는 안 된다고 생각할 수 있다. 매우 정당하고 올바른 생각이다. 하지만 나는 적어도 이 공간에 대해 그렇게 불편해하는 사람이 없기를 바라왔고, 여전히 조마조마한 마음으로 바란다. 그래서 혹시나 식물들을 치우라고 하거나 불만을 제기하는 사람이 있는지, 이 공간에 대한 다른 사람들의 반응을 조심스럽게 물어봤다.

여자 화장실이라⋯. 그 누가 들어오지 못해요. 만약에 학교 측에서, 시설 관리실에서 보시면 혀를 찰 수도 있지만, "쯧" 이럴 수도 있지만, 당장 치우라고 막 그럴 수도 있는데, 치우라고 하면 치워야지 이렇게 그냥 배짱으로 하고 있어요. 그리고 지금까지 안 좋은 소리는 한 번도 못 들어봤어요.

저는 싫은 소리를 못 듣는 성격이에요. 한 명이라도 싫은 소리를 하는 분이 있었으면 제가 신경을 곤두세우고 같은 종류는 하나로 묶어서 그냥 큰 화분에다 해서 화분 수라도 줄이거나 할 텐데. 저쪽 교수님, 이쪽 교수님, 남자 교수님들도 그렇고 막 칭찬이라기보다 힐링 받는다는 그런 말씀을 하셨어요. 제가 막 농담으로 이제 "지저분하면 치울까요?" 물어보기도 하는데 다들 "계속하셔야죠, 더 늘리셔야죠." 이렇게 대답해 주셨어요.

이게 교수님들이나 학생들이 다들 예쁘다 해주세요. 또 겨울 되면 피는 꽃들이 있고 봄이나 여름이 되면 피는 꽃이 있잖아요. 그러니까 여러 사람한테 들었어요, 이렇게 럭셔리한 화장실이 어디 있냐고. 그러니까 괜히 기분이 좋고, 더 잘해놓고 싶고, 예쁜 꽃이 있으면 여기다 가져와서 보여주고 싶은 거예요. 그래서 제가 이제 집에서 옮길 수 있는 거는 5층 화장실로 이렇게 옮겨오고 또 여기서 병든 거는 또 집으로 싣고 가서 거기서 치료하고⋯.

　화장실 공간뿐만 아니라 그녀는 5층의 다른 복도 공간들에도 예쁜 식물들을 가져다 놓고 돌본다고 했다. 그리고 남들이 복도에 내놓는 식물들까지도 그녀의 돌봄의 반경 안에 들어온다.

　그냥 막 말라 죽어가고 있어도 물 한 모금 안 주는 분이 있더라고요. 저는 이렇게 지나가다가도 다른 분이 키우는 건데 너무 말라 있으면 제가 살짝 밑에다가 화분받이에 간수로 물도 이렇게 해놓기도 하고 막 그러거든요.

복도 창틀 위에는 다양한 사람의 화분들이 정갈하게 놓여져 있다.

　이렇게 같이 사용하는 공간에서 이루어지는 돌봄의 행위는 그 공간과 그 안의 사물들이 누구의 것인지를 따지는 현실의 옹졸한 논쟁을 무력화시키는 힘이 있을지도 모른다. 그런데도 자신이 책임져야 하는 영역을 넘어 타인의 공간까지 돌봄의 반경을 확장하는 것은 아슬아슬한 눈치 보기와 용감한 찔러보기를 요구한다. 이러한 오지랖 같은 돌봄은 분명히 공간을 좋게 만들었고 이 공간을 사용하는 다른 사람들에게도 돌봄을 전파하는 꽤 선한 영향을 미친다는 것을 그녀의 말을 통해 짐작해 볼 수 있다.

진

또 저번에 복도를 보니까 시장에서 다른 물건 사다가 서비스를 받았는지 샀는지 상추 같은 것이 심어진 모종 포트 네 개를 까만 봉지에 넣어놓고 며칠이 지나가도록 그냥 복도에 두는 거예요. 그래서 제가 사이사이 물은 줬어요. 근데 그거 갖고는 안 되겠다 싶은 거예요 … 너무 죽어가더라고요. 결국 하나는 죽었는데, 그래서 세 개는 제가 이제 화분이 당장 없으니까 커피 컵에다가 흙 넣고, 모종 넣고 밑에는 또 다른 깊은 커피 컵을 껴서 물을 넣고 이렇게 해놨더니 고맙다고 막 인사하시면서 과자도 주시더라고요. 그래서 지금 그 커피 컵 식물이 복도에 그대로 있어요. 근데 제가 그걸 해서 그런지 지난주부터는 5층을 돌아다니다 보면 테이크아웃한 커피 컵 있잖아요? 그 커피 컵에다가 거기다가 식물을 심어놓은 분들이 많이 있더라고요. 새싹까지 올라왔더라고요. 그래서 내가 한 걸 보고 하셨나? 막 이런 생각이 들었어요.

그리고 직장 동료 중에는 저보다 6개월 후에 온 2층 담당 여사님이 있는데, 그 여사님은 이제 내가 이렇게 화분을 이렇게 저렇게 놓는 걸 보고 자기도 어디서 하나씩 하나씩 가져다 놓더라고요. 2층은 학장님들, 조합장님들 공간이 있는데 그분들이 임기가 끝나서 이동하시고 가시고 하면은 화분들이 남아요. 남으면 또 치우고 막 하다 보면 조그만 거 갖다 꽂아서 키우기도 하고…제가 이렇게 하는 거 보니까 그분도 같이 이렇게 식물을 돌보기 시작해서 이제 그 여사님도 식물이 꽤 있어요. 내가 이제 그 분한테 없는 거 갖다 주기도 하고, 또 다른 언니한테 선물도 받아서 놓기도 하고…

선한 오지랖으로서의 돌봄이 이어지려면

그녀는 올해 8월 말이면 만 65세로 정년퇴직을 해야 한다고 말했다. 이후에는 촉탁을 통해 최대 3년 더 일할 수 있지만, 어쨌든 근무지를 옮겨야 한다. 그녀는 노조 임원이기 때문에 약 6개월 정도 발령을 유예할 수 있는 특혜가 있다고 했다. 그리고 그녀는 그 특혜를 행사할 의향이 있다고 말하며, 이 공간을 더 돌보고 싶어 하는 책임감과 아쉬움, 걱정 등의 복합적인 감정을 드러냈다.

근데 이제 문제가 뭐냐면, 내가 발령으로 다른 데로 옮기면 여기 있는 식물들 내가 도로 갖고 가야 되잖아요. 갖고 가야 되는데, 또 일부 놔둬도 되는 것들도 있는데, 나처럼 이렇게 와서 해주실 분이 있으면 좋은데 전혀 관심 없는 분도 있거든요.

녹음된 인터뷰를 다시 들으면서 그녀의 이런 걱정에 '주말에 제가 물 줄게요', '제가 할 수 있는 건 없을까요?', '계속 여기에 계셨으면 좋겠어요' 등의 말을 내가 불쑥불쑥 던졌다는 것을 깨달았다. 이것도 나의 오지랖이었을까? 내가 도와주고 싶다고, 내가 하겠다고 말했지만, 내가 정말 잘할 수 있는지는 다른 문제다. 길게 보면 나도 이 공간에 잠시 머무르는 사용자에 불과하다. 이 년 후에는 아마도 떠나 있을 것이기 때문이다. 그렇다면 내 뒤에는 누가 있을까? 이런 오지랖 같은 돌봄은 아무도 시키지 않은 노동이고 당연히 어떤 금전적 보상이 주어지지 않는다. 취미와 같은 이 행위는 노동과 유희 사이 어딘가에 있을지도 모른다. 하지만 한 가지 확실한 사실은 이러한 돌봄의 행위를 통해 나뿐만 아니라 화장실을 이용하는 사람들의 기분이 좋아진다는 것이다. 이는 잘 돌봐진 공간이 그 공간을 사용하는 사람을 돌보는 선순환으로 해석할 수 있다. 그런 의미에서 나는 이러한 공간들이 내가 사용하는 건물 곳곳에서, 그리고 내가 살아가는 도시 곳곳에서 생겨나고 서로의 눈치를 보며 아슬아슬하게 유지되었으면 좋겠다.

진

무더운 여름날 그녀가 설치해둔 선풍기 하나는 사용자를 향해, 하나는 식물을 향해있다.

SHOP

폐교에 새로운 숨 불어넣기

승현

   10년쯤 전 어느 날, 일본에서 사회생활을 하던 나에게 직장 상사가 야마자키 료(山崎 亮)에 대해 이야기했다. 그 즈음 우연히 야마자키 씨의 세미나를 들었는데, 그는 스스로를 '커뮤니티 디자이너'라고 칭하며, 지역 재생 프로젝트 등의 흥미로은 일을 하고 있었다. **커뮤니티 디자인은 지역 문제를 지역에 살고 있는 사람들과 함께 해결하기 위해 커뮤니티를 지원하는 일이다.**[1] 한국보다 도시 과밀화, 그리고 인구 고령화와 감소화가 먼저 시작된 일본에서는 일찍이 지역 재생에 대한 문제를 논의하고 있었지만, 나에게 있어 당시에는 그다지 관심 있는 주제는 아니었다. '돌봄'이라는 주제가 던져졌을 때, 머릿속에는 '지역 돌봄'이 떠올랐고, 자연스럽게 '커뮤니티 디자인'과도 연결되었다. 불과 10년밖에 지나지 않았는데, 이제는 나의 피부에도 와닿을 정도로 지역 문제는 현실이 되었다.

---

1) 야마자키 료, 『커뮤니티 디자인』, 안그라픽스, 2012.

내가 현재 살고 있는 수원 행궁동은 화성행궁의 성곽길 안에 있는 성안마을이다. 1997년 수원 화성이 유네스코 세계유산으로 지정되며 역사적 가치가 높아졌지만, 동시에 각종 건축 규제와 재개발 제약 등으로 실거주자들은 불편을 겪으며 마을을 떠나버렸다. 지리적 위치가 양날의 검이 된 것이다. 수원 시민들은 도시 전설처럼 1990년대 후반부터 2010년대 초반까지를 '행궁동의 흑역사'라 회고할 정도로, 행궁동은 빈집으로 골머리를 앓고 있던 낙후된 동네였다. 2013년부터 주민들과 예술가들이 만든 공동체 '행궁동 사람들'이 발족하며, 행궁동을 거쳐 간 예술가들이 행궁동을 창작과 생활의 터전으로 인식하며 주민과 교류하고 협업하여 다양한 프로젝트를 기획·운영했다. 자발적인 커뮤니티 디자인을 통해 점점 활기를 되찾아가게 된 것이다.

여기에 젊은 상인들이 합세했다. 골목 상권은 일반적으로 문화 자원이 풍부하고, 임대료가 싼 지역에 한 가게, 즉 '첫 가게'가 들어서며 시작되는데, 행궁동에서 그 물꼬를 튼 가게가 '정지영커피로스터즈'다. 성곽길과 사대문을 바라보며 즐길 수 있는 행궁동만의 유니크함을 무기로 정지영커피로스터즈는 오픈하자마자 빠르게 입소문을 타며 인기를 끌었다. 그 뒤를 따라 피자가게, 양식 레스토랑, 북카페, 소품숍 등이 생기며 행리단길이라는 행궁동 상권을 형성해 나갔다. 행궁동은 〈이상한 변호사 우영우〉, 〈선재 업고 튀어〉, 〈그해 여름은〉 같이 90년대를 배경으로 하는 장면의 촬영지로 자주 등장하는데, 오래도록 남아있는 정겨운 풍경과 현대적 감각의 상업 공간이 하나가 되어 이제는 젊은 세대들이 알아서 찾아오는 동네가 된 것이다. 불과 10년 전에는 행궁동에서 가게를 열어 1년을 버티면 이웃 주민들과 상인들이 잘 버 텼다고 '버팀전'이라 불리는 잔치를 열었을 정도였는데 말이다.

그러나 최근 행궁동의 행보는 커뮤니티 디자인의 성공 사례로 보기 힘들다. 지역 주민들의 자취는 뜸해지고, 월세가 오르고, 오래된 주택을 상업시설로 변경하는 공사만 한창이다. 외부 자본의 유입은 지역 주민들을 위한 것이 아닌 외지인들을 위한 동네를 만들어가고 있는 모양새다. 상업적 지역재생이 지역 돌봄과 연결 되었냐고 질문한다면 고개를 갸웃하게 된다. 젠트리피케이션처 럼 뻔한 결말 말고 다른 방향은 없을까? **지역 돌봄과 연결할 수 있는 건축적 공간은 어떤 것이 있을까?**

생각을 좇아가다 보니 '폐교'라는 키워드에 도달했다. 해를 갱 신해 나가는 저출생률과 함께 폐교의 증가 역시 매년 세트로 보 도된다. 이제는 지방에 한하지 않고 서울 시내의 초등학교까지 폐교가 되어가는 뉴스를 보며 숙연해진다. 엄마의 고향에 가면 엄마가 졸업한 초등학교는 폐허처럼 방치되어 있다. 아빠의 상 황은 그나마 낫다. 아빠가 졸업한 초등학교는 어느 예술가의 작 업실로나마 활용되고 있으니까. 폐교 같은 공공건물은 개인 사 유 건물이 되기 어렵다 보니 더욱 손을 대기 어렵다. 그러나 대규 모의 공간과 운동장을 가지고 있어 교육용 시설부터 사회복지시 설, 문화시설, 체육시설까지 다양한 가능성을 가지고 있는 것 역 시 폐교라는 건축물이 가지고 있는 특징이다. 점점 유산처럼 쌓 여가고만 있는 폐교들을 우리는 어떻게 마주해야 할까? 본문에 서는 외지인의 왕래가 드문 지역에서 운영하는 주말 식당, 지역

전통을 살린 공방, 그리고 요양·재활 병원까지 세 가지 사례를 통해 폐교와 지역 돌봄의 연결고리를 살펴본다. 캠핑장이나 게스트하우스, 예술인의 작업실, 가구 쇼룸, 서바이벌 게임장 등 다양한 폐교 활용의 사례가 있지만, 지역 돌봄과 연결하기에 너무 상업적이거나 개인적인 사례는 제외했다.

주말 식당: 폐교는 어떻게 지역 사회의 중심지가 될 수 있을까?

운동장에 주차하고, 학교 안으로 들어가는 것을 상상해 보자. 칠판에 쓰인 메뉴를 주문한 뒤, 삼삼오오 붙인 책상을 식사 테이블로 이용해 보는 것이다. 상상을 현실로 체험할 수 있는 곳이 있다. 바로 일본 아이치현 신시로시 옛 스가모리초등학교(愛知県新城市 旧菅守小学校)를 개조해 주말에만 한정적으로 여는 식당이다. 특별할 것 없어 보였던 폐교를 주말 식당으로 만들 수 있었던 원동력은 무엇이었을까.

2013년 3월 부근의 4개의 초등학교가 하나로 통합되면서 스가모리초등학교는 폐교되었다. 같은 해 4월 지역 유지들은 '학교의 흔적을 생각하는 회(学校の跡地を考える会)'를 결성하고, 폐교는 레스토랑으로, 폐교 주변은 지역박물관으로 만들어보자는 제안을 발의했다. 이듬해 4월에는 국가교부금제도를 활용하기 위해 '스쿠데 스마일 추진협의회'를 만들어 8월에 '스쿠데 시골 레스토랑 스가모리'를 오픈했다. 점점 줄어드는 지역 교류를 염려하는 마음으로 시작된 시골 레스토랑이 이제는 지역 교류의 거점 시설이 되며 지역 활성화의 촉매제가 되었다.

 승현

옛 스가모리초등학교의 활용 방식은 다양하다. 주말 식당일 때는 기존에 사용되었던 급식실과 조리실도 그대로 활용해 실용적으로 운영하고 있다. 물론 현지 농수산물을 활용한 요리를 제공한다. 식당은 주말에만 운영되기 때문에 운영되지 않을 때에는 급식실을 연회장으로 해서 정기적으로 미니 콘서트를 실시하거나, 목공 워크숍을 개최하기도 한다. 운동장이나 학교 뒷산은 소바 수타 체험이나 아마고 물고기 잡기 체험 등 지역 체험 현장으로도 활용하기도 한다. 이곳에서 열리는 이벤트를 보고 있자면, 비워두기보다는 어떻게든 활성화하려고 노력하는 것이 느껴진다.

물론 이곳 역시 처음에는 다양한 의견이 나와 하나로 모이지 않던 시기도 있었다. 그러나 주민 스스로 동네에 활기를 불어넣고 싶다는 지역 주민의 의식은 공통된 것이었기에, 지역을 사랑하는 사람들을 중심으로 활동을 시작하게 된 것이다. '학교의 흔적을 생각하는 회'부터 '신시로시 지역행사 협력대'까지 지역을 생각하는 사람들이 있었기에 시골 레스토랑의 오픈이라는 방향성으로 하나가 될 수 있었다.

일본에는 옛 스가모리초등학교 외에도 폐교를 개조한 주말 식당이 꾸준히 운영되고 있는 사례가 제법 있다. 이들을 잘 살펴보면, 운영하는 사람들도 방문하는 사람들도 대부분 평소에는 다른 일을 하다 주말이면 이곳에 모이는 현지 주민들이 많다. 지역 특성상 매일 운영하기가 녹록지 않으니, 주말만이라도 폐교를 활용하여 지역의 집회장이 될 수 있도록 한 것이다. 마을 주민들은 이곳에서 함께 모여 현지의 제철 재료로 신선한 음식을 만들고, 식사를 하며 이야기를 나눈다. 모두가 원했던 따뜻한 시간인 것이다. 관광이나 영리적 방향성이 뚜렷하지 않은 지역이라면, 외지인을 유입시키기 어렵다. 그러니 현실적인 방책으로 이용자가 운영자가 되고, 운영자가 이용자가 되어, 모두의 참여도가 자연스레 늘어나도록 하는 것이 필요하다.

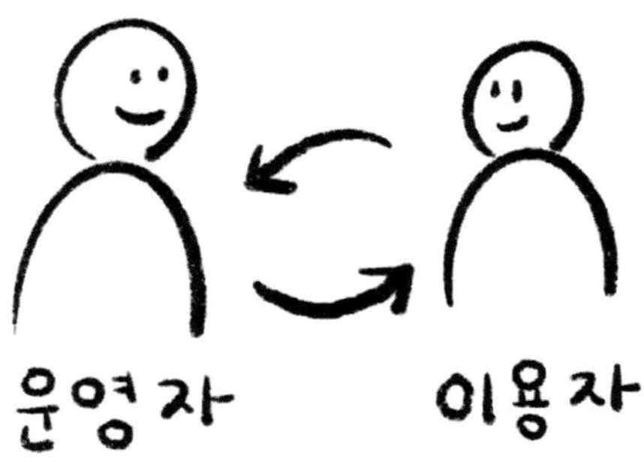

운영자-이용자 상호 참여형 순환경제를 구축

자본주의 사회에서 인간은 '호혜성(互惠性)'이라는 원리에 따라 행동하기도 한다. 개인이나 집단들이 뭔가를 주고받음으로써 상호 관계가 갱신되고 지속되는 것이다. 호혜성이란 커뮤니티를 지탱하는 공조(共助)의 원리로, 시장을 기반으로 한 교환과 공동 분배만으로는 설명할 수 없으며 화폐 가치로 환산할 수도 없다. 사회에는 사람들의 자발적 참여와 도움으로 원만히 돌아가는 부분이 적지 않다. 인간은 사회적 동물이며 타인과 커뮤니케이션하고 싶어 한다. 따라서 커뮤니티의 형태는 바뀌더라도 결코 소멸하지 않는다.[2]

---

2) 마쓰나가 게이코, 『로컬 지향의 시대』, 알에이치코리아, 2017.

　　　　　승현

학교는 누군가의 주거지도 상업 시설도 아닌 '공공의 목적으로 일시적인 시간만 활기를 가진 공간'이라고 생각한다. 수십 년 운영된 곳이라 생각하면, 그곳을 졸업한 수백수천 명의 지역 주민들의 추억이 보관된 공간이기도 하다. 이런 추억의 장소를 보존하고 싶어 하는 사람들은 그 누구도 아닌 현지 주민일 것이다. 어느 누군가의 봉사가 아닌, 자발적인 마음에서 우러나는 주체적 돌봄은 모두의 추억 공간을 지켜내고 싶은 사명감에서 시작된다. 마을 회의를 통해 그 안에서 수요를 찾고, 시행착오를 겪으며 행위로 축적되어야 완성할 수 있다. 외부의 누군가, 미래의 누군가에 기대는 게 아닌 그들로부터 시작된 지역 돌봄은 강하다. 그렇게 추억의 공간은 지역 교류의 공간이 된다.

공방: 폐교로 새로운 공간을 기획할 때, 어떤 지역 특색을 반영하면 좋을까?

폐교를 활용하는 용도는 다양하다. 카페, 쇼룸 등의 상업시설, 게스트 하우스 등의 숙박시설, 미술관, 체험 공간 등의 복합문화 시설까지, 선택지는 무궁무진하다. 그러나 단순히 기존의 상업 공간을 그대로 모방하거나 예측할 수 있는 용도를 적용하는 것만으로는 그 공간의 본래 가치와 잠재력을 극대화하기 어렵다는 생각이 든다. 그 지역에 가야만 접할 수 있는 고유한 특성을 접목해야만 진정으로 공간의 힘을 발휘할 수 있다.

거제의 영공방은 그 점에서 훌륭한 사례가 아닐까 싶다. 영공방은 1999년 9월 문을 닫은 경남 거제시 옛 숭덕초등학교 학산분교를 2003년에 개조한 것으로 단순한 폐교 활용을 넘어 거제라는 지역의 특색을 잘 살렸다. 운동장에는 실물과 비슷한 크기와 모양의 거북선이 크게 놓여 있고, 운동장 가장자리에는 기와집과 초가 모형이 자리 잡고 있다. 초가 두 채 뒤로는 물레방아가 돌아가고 있고, 어린이 수영장까지 연결되어 있다. 이런 요소들은 단순히 시각적인 즐거움을 넘어, 지역의 역사와 문화를 몸소 체험할 수 있는 기회까지 제공하는 것이다.

영공방은 건축 모형 디자인 회사로, 옛 학교 본관을 모형 공장으로 개조하여 사용하고 있다. 하지만 공장 가동을 위한 기계나 선반을 설치했을 뿐 옛 교실과 복도, 문짝 등은 그대로 두었다. 칠판과 그 위에 걸린 태극기 액자조차 손대지 않고 보존하고 있다. 몇 학년 몇 반을 적어둔 교실 이름표에는 생산실, 레이저실 등 작업장 이름이 걸려있을 뿐이다. 이런 보존은 단순한 복원이 아니라, 지역 사회와 역사에 대한 깊은 존중을 담고 있는 게 아닐까 생각한다. 거북선 뒤 건물에는 '모형 체험실'이 있어, 키트를 구입해 각 부품을 직접 끼워 맞추며 놀 수도 있다. 동시에 다양한 체험 공간을 만들어 일반인들에게 개방했다. 학교는 아이들 공간이라고 생각한 영공방의 대표 박영종 씨는 운동장에 아이들을 위한 시설을 두었다고 한다. 그러다 보니 자연스럽게 주변 아이들은 물론 타지의 아이들까지 입소문을 타며, 모두가 찾는 놀이터가 되었다.

이러한 공간은 단순히 외부의 관광객을 유치하는 것을 넘어서, 지역 주민들이 자발적으로 참여하고 기여할 수 있는 장을 마련하게 된 것이기도 했다. 회사 입장에서도 아이들이 직접 모형을 가지고 노는 과정에서 피드백을 받으니 제품 개발에도 도움이 된다고 한다. 이후 거북선뿐만 아니라 세종대왕함, 경복궁 근정전 공포, 숭례문과 경회루까지 모형을 제작할 정도로 한국적인 것을 고집하며 영공방만의 색깔을 갖추어나갔다. 그렇게 영공방은 2003년 자리를 잡은 이래 20년이 넘게 지금까지 활발히 운영하게 된 것이다.

체험형 문화 공간이 지역 주민과 외지인 모두를 끌어들일 수 있는 잠재력을 지닌다는 점에서 이를 잘 운영하고 지속적으로 발전시키는 것이 중요하다. 자녀 교육이나 취미생활, 관광, 여행 등 다방면으로 활용할 수 있지만, 인스타 핫플레이스처럼 단발성의 인기를 누리다 끝날 수도 있다. 유행에 휩쓸리지 않고, 사람들의 지속적인 발길을 유지하기 위해서는 어떻게 해야 할까? 체험형 문화 공간의 경우, 실제로 실패 사례가 더 많기 때문에, 이를 반면교사 삼아 모두가 한 번만 가는 곳보다 한 명이 여러 번 갈 수 있는 공간을 기획하는 것이 필요하다.

그렇다면 폐교로 새로운 공간을 기획할 때, 어떤 지역 특색을 반영하면 좋을까? 지역의 자원이나 자연환경을 활용한 프로그램이나 지역의 역사와 문화를 반영한 기획은 그 지역만의 독특한 가치를 담아낼 수 있다. 멀리까지 시간과 돈을 들여서 이동해 그 곳을 이용하려는 사람을 타깃으로 한다면, 의외로 쉽게 접근할 수 있다. 지역 쌀을 사용하는 주조 창고부터 지역 감물 염색 공방, 지역 특산물 체험장까지 그 지역만이 지닌 이야기로 시작하는 것이다.

외지인과 현지인 모두가 만족할 수 있는 공간 기획

그러나 외지인의 방문 증가로 인해 마을 소득이 증대된다고 해서, 해당 지역 내의 주민들이 혜택을 받을 수 있는지는 질문해 보아야 한다. 앞서 행궁동의 사례처럼 지역 경제 활성화가 지역 돌봄으로 연결되는 것만은 아니기 때문이다. 영리적인 목적으로 외지인이 들어와 외지인을 타깃으로 운영하면, 지역 사회에 오히려 반발심을 불러일으킬 수도 있을 것이다. 지역 주민도 함께 즐길 수 있는 행사나 프로그램을 기획하고, 그들에게도 혜택을 제공하는 것이 바람직하다. 결국, 현지인과 외지인 모두가 함께 참여하고 즐길 수 있는 방식으로 운영되어야 할 것이다. 커뮤니티가 지치지 않고 즐거움을 창출할 수 있는 기획과 운영을 고민하고 실천해 나가는 것이 중요하다고 생각한다.

모두를 위한 건강 복지 시설: 폐교가 지역 돌봄의 새로운 가능성이 될 수 있을까?

폐교를 지역 돌봄의 공간으로 연결했을 때, 가장 직관적이고 실용적인 접근은 역시 병원이 되지 않을까. 단순하게 구획된 개별 교실이 줄지어 늘어선 학교 건물은 병원으로서도 활용 가능성이 높으니까. 전북 고창의 옛 덕림초등학교와 일본 이와테현

승현

에추하타초등학교는 모두 폐교를 요양병원으로 전환한 곳들이다. 1996년 폐교가 된 전북 고창의 옛 덕림초등학교는 2004년 고창효자노인병원으로 재탄생했다. 단층 건물의 옛 시골 학교는 넓은 복도와 운동장까지 갖추고 있어, 요양병원으로 활용되기 최적의 조건이다. 8개의 교실은 이제 병실이 되었고, 풀밭이 된 운동장과 학교 담장 길은 환자들의 산책로로 활용되고 있다. 게다가 이곳은 의료서비스 취약 지역이기도 해, 마을 주민들도 진료받을 수 있도록 일반 병원의 역할까지 한다. 하루 외래 환자가 20~40명이 될 정도로 지역 주민들에게는 큰 도움이 되고 있다. 한때 요양병원의 설립을 반대하던 주민들에게도 이제는 없어서는 안 될 소중한 공간이 되었으리라 생각한다.

2010년 말에 폐교가 된 일본 이와테현 에추하타초등학교 역시 2012년부터 소규모 다기능 요양 간호 시설로 운영되고 있다. 2층 건물의 1층 부분을 사무실과 거실, 식당 등으로 개조해, 지역 고령자들을 중심으로 현재 7,000명이 넘는 사람들이 이용하고 있다. 에추하타초등학교는 140년에 달하는 역사를 가지고 있었고, 그곳을 졸업한 주민들은 학교를 없애지 않고 무엇으로든 활용하고 싶다는 생각이 있었다. 지역 내 고령화가 진행되고, 장래에 대한 불안이 커진 상황에서, 지역 행정구역 대표자들이 10회 이상의 논의를 통해 지역 복지 시설의 설립을 결정했다. 2011년 2월, 지역 주민 대표들에 의해 NPO 법인이 설립되었고, 공공재산인 폐교는 NPO 법인에서 유상으로 임대했다. 국고보조금 및 차입금으로 임대 및 운영비를 조달하여 2012년 6월부터 본격적인 운영이 시작되었다.

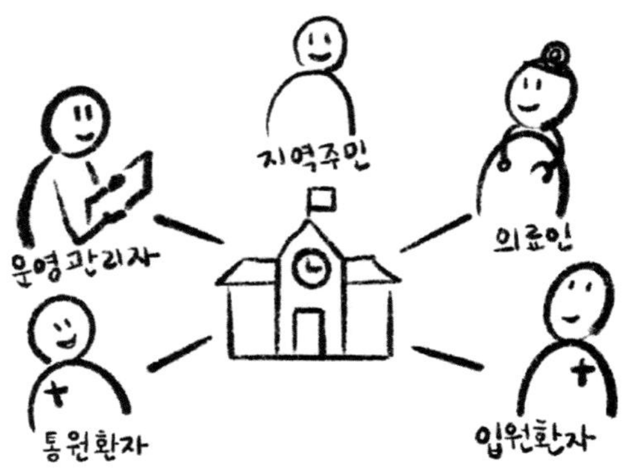

지역 교류의 거점으로서도 활용할 수 있는 폐교 병원

위의 두 폐교가 위치한 지역은 지방 축소화로 인해 병원이 줄어들고, 고령화로 인해 요양 복지 시설의 수요가 늘어나고 있다는 공통점이 있다. 그렇다면 연령이나 특정 집단을 제한하기보다 지역 주민이 함께 활용할 수 있는 병원을 만드는 건 어떨까. 외지에서 오는 입원 또는 요양 환자, 지역에서 갈 수 있는 통원 환자, 그리고 운영관리자와 자원봉사자, 지역 주민들도 이용할 수 있는 공간을 마련하여 누구에게나 개방된 병원으로 만든다면, 지역 돌봄으로서 더 넓은 역할을 할 수 있을 것으로 생각한다. 물리치료, 작업치료, 언어치료 등 다양한 치료를 제공하여 환자의 필요에 맞춤 재활 서비스를 제공하기도 하고, 환자 가족이 함께 재활 치료를 도울 수 있는 치료 세션이나 가족 상담 프로그램 등 가족의 역할을 강조해 환자의 재활을 도울 수 있는 공간도 마련해 보는 것이다.

여기에 지역 주민들을 위한 정기적인 건강 세미나나 운동 클래스, 요가 및 명상 프로그램 등도 꾸준히 유치해, 지역 주민들의 건강을 증진할 뿐만 아니라 병원과 지역 사회의 유대감을 강화할 수

승현

있도록 해보는 것도 좋겠다. 실제로 일본 와카야마현의 옛 제일 중학교는 폐교를 지역 스포츠센터로 활용하여 사회인은 물론 어린이 체육활동까지 이루어지는 사례도 있다. 옛 교실 건물을 숙박실, 회의실, 체육실 등으로 개조했고, 샤워실부터 세탁 건조실 등도 설치했다. 운동장에는 잔디를 깔아 풋살코트와 주니어 축구코트를 마련했다. 이제 누구나 가벼운 마음으로 찾아갈 수 있는 지역 건강 시설의 거점이 된 것이다.

지역 병원이 점점 줄어들고 있는 현 시점에서, 다양한 프로그램을 통해 지역 주민과 외지인 모두에게 만족스러운 건강 복지 서비스를 제공한다면, 이것이 공공 지역 돌봄에 직접적으로 연결될 수 있지 않을까. 과거 학교의 목적이 사회에 이바지할 인격체를 교육하는 것이었다면, 폐교의 목적 역시 모두가 건강한 삶을 살아갈 수 있게 한다는 점에서 그 가치를 계승할 수 있을 것이다.

여러 사례를 통해 폐교를 지역 돌봄으로 실현하려면, 지속 가능한 경영 모델을 구축해 지역과 외지인이 함께 연대하는 것이 중요하다는 사실을 발견하게 되었다. 그리고 그 첫걸음으로 계획 단계부터 지역 주민의 직접적인 관여가 있어야 할 것이다. 부담 없이 참여할 수 있도록 대화에서 시작되어야 하며, 지속성에 초점을 맞춰야 한다. 폐교를 활용한 공간이 개장했을 때의 기사나 사례집은 쉽게 찾을 수 있지만, 그 후 어떻게 운영되는지에 대한 사례를 찾기가 힘든 것은 운영을 지속하는 것이 얼마나 어려운가에 대한 반증이 될 것이다. 일본의 경우, 문부과학

성에서 정기적으로 『폐교활용집』을 리뉴얼해서 발매해, 어디가 어떻게 운영되고 있는지 정기적인 업데이트가 이루어지고 있다. 한국 역시 지속적으로 잘 운영되고 있는지에 대해 더욱 집중할 필요가 있다. 서두르는 한국 문화에서는 더더욱 느긋하게 바라보며 서서히 진행되도록 해야 한다. 무언가를 새롭게 재건하기보다는 약간의 정비만으로 학교의 장점을 살리는 디자인으로 접근해야 할 것이다. 시행착오를 겪어 가며 천천히 조성되어 갈수록 그 기반은 견고해지기에.

지역 돌봄을 떠올릴 때, 그 생각의 중심에는 역시 '사람'이 있어야 한다. 현지인과 외지인의 화합, 어른과 아이의 연결이 자연스럽게 선순환되어야 하는 것이다. 기획자의 커뮤니케이션 능력 부족으로 지역 주민과의 대화와 참여도가 낮다면, 그들에게 탐탁지 않은 시선을 받으며 어긋나 버릴 수 있다.

나는 수원에서 커뮤니티 디자인을 경험해 본 적이 있다. 내가 가지고 있는 작은 공간에서 문화 모임을 기획하고 운영하는 것이었는데, 북클럽, 레터클럽, 씨네클럽, 홈스타일링 클럽까지 개인적으로 해 보고 싶었던 모임들을 실험해 볼 수 있는 좋은 기회기도 했다. 생각에 그쳤던 문화기획을 일단 시작해 보니, 다양한 배경을 가진 사람들일지라도 '수원'이라는 공통의 지역 속에서 만나 깊숙이 교류할 수 있었고, 그 안에서 함께 한다는 연대까지 생겼다. 이는 일회성 이벤트가 아닌 지속적인 소통을 이어 나가기 위한 창구를 마련한 결과였다. 처음에는 모임 주제가 너무 좁지 않은지 걱정하기도 했지만, 오히려 모임 주제가 명확하니

승현

내가 만나고 싶었던 사람들이 모인다는 것을 알게 되었다. 그래. 나는 이런 분들과 만나고 싶었지!

지역 주민의 참여형 커뮤니티는 **서로 함께하는 연대를 되찾으며, 지역 돌봄의 힘으로 발하게 된다**. 우리는 지역 소멸, 초저출생, 인구절벽이라는 무시무시한 뉴스에 점점 무더져 가고 있다. 더 이상 지체할 새 없이 사회가 당면한 과제를 마주하고, 숙고해야 할 시기다. 수많은 이의 추억을 담고 있는 폐교를 단순히 건축물로서 재활용하는 것에 그쳐서는 안 된다. 기존의 공간 디자인을 넘어 랜드스케이프 디자인, 그러니까 건축 자체의 설계뿐 아니라 인간과 환경 사이의 관계성을 공간에 구체화하고, 이를 보는 방법을 설계해야 하는 것이다.[3] 폐교와 지역 돌봄의 상호작용을 고민하고, 그 안에서 새로운 이야기가 만들어질 수 있도록 한다면 지역 재건까지의 실마리를 찾을 수도 있을 것이다.

---

3) 사사키 요지 등, 『랜드스케이프 디자인』, 조경, 2008.

참고문헌
· 거제 영공방 사례: 백현충, 『폐교, 문화로 열리다』, 산지니, 2017.
· 일본 폐교 사례: 일본 문부과학성, 『폐교활용사례집』

도시를 돌보는 사람들

J

도시는 크고 작은 시간의 축적에 대한 물리적 구현이다. 이 과정에서 도시의 장소성이 형성되고 다양성이 쌓인다. 이 시간 동안 **도시를 돌보고 정체성을 형성한 사람은 누구일까.** 이것은 늘 나에게 의문이었다. 우리 동네가 조금씩 변화해 가는 것을 지켜보던 어린 시절부터, 일로서 도시 이곳저곳에 기웃거리는 지금까지 한 번씩 고민하는 질문이다. 생각이 꼬리를 물다 보면 결국 정부와 같은 거대한 조직만이 도시라는 거대한 존재를 관리할 수 있다는 결론에 빠지고는 한다. 얼핏 보면 정답 같다. 정부에서 수립한 중장기 도시계획과 세부 실헝계획들을 통해 도시가 관리된다. 하지만 답은 도시를 살아가는 모두이다. 때때로 개개인의 영향력이 미미해서 소용없게 느껴지더라도, 이 식상한 결론이 도시 돌봄의 본질이다. 이 사실을 도시에 사는 모두가 알아야 한다. 도시는 여러 측면과 위계에서 관리되고 있고, 그래야만 한다. 좋은 도시가 되기 위해서는 청결하고 쾌적한 환경이 유지되어야 하고, 삶의 질을 위한 기반 시설들이 충분히 공급되고 관리되어야 하며, 그 도시만의 정체성을 가지고 있어야 한다. 이 요소들을 지속 가능하게 하는 것은 쓰레기를 줍는 작은 손길 하나부터 신도시 개발까지 이르는 다양한 규모의 수단이다. 제도적으로 나열하면 시민참여, 협동조합 운영, 건축, 지구단위계획, 도시재생, 재개발 등의 행위가 있다. 이 제도들 아래에서 실제 개선을 위해 진행하는 사업들이 영원히 지속될 수는 없다. 사업이라는 것은 한정된 비용 혹은 기간이 있기에 언젠가는 끝나기 마련이지만 도시는 끊임없이 변화한다. 도시를 구성하는 모든 것(건물, 용도, 사람)들은 언제나 변화하고, 사라지고, 태어나길 반복한다. 그렇기에 지속되는 도시의 긴 생애를 돌보기 위해서는 결국 도시에 사는 모두의 노력이 필요하다. 모두가 도시에 일어나는 변화에 관심을 기울이고 도시가 잘 성장할 수 있도록 보살펴야 한다.

도시재생과 재개발은 일시적인 수단이지만 도시 환경을 개선하기 위한 수단 중 가장 익숙한 두 가지이다. 많은 이에게 도시재생은 상생으로, 재개발은 폭력으로 받아들여진다. 언뜻 폭력적으로 보이는 재개발은 포화상태에 이른 도시에서 기반 시설을 확보하기 위한 효율적 수단이다. 기존의 도시공간을 유지 관리하는 것만으로 도시에 사는 사람들의 삶의 질을 유지할 수는 없다. 기본적으로 필요한 기반 시설이 적절히 공급되어야 한다. 기반 시설은 더 이상 초기 도시계획의 탄생에서 말하던 위생적 환경을 위한 도로나 상하수도 같은 기초적인 것만 의미하지 않는다. 시민 의견을 표출할 수 있는 광장과 같은 오픈 스페이스 또는 평등한 문화 향유 기회를 제공하기 위한 공공도서관, 미술관 등의 문화시설 모두를 포함한다. 시민들의 삶의 질 향상에 따라 필요한 도시계획시설의 종류와 수는 점점 증가하고 있다. 포화상태에 이른 도시에 필요한 시설들을 추가하는 것은 건물 리모델링이나 도시재생으로는 한계가 있어 재개발은 불가피하다. 재개발 과정에는 다양한 이해관계자의 의견이 반영되어야 한다. 거주민의 재정착 희망, 시행사의 이익, 공동화를 우려하는 주변 지역의 걱정, 공익성 등을 고려한 의사결정이 이루어져야 한다. 다만 재개발은 막대한 자본이 필요하기에 다양한 이해관계자의 의견을 반영하는 과정에서 자본의 논리가 강해진다. 이러한 현상은 공공 주도적 재개발의 경우에도 피할 수 없다. 민간이든 공공이든 타당성이 없는 사업을 진행할 수는 없다. 다만 도시 개발 사업 타당성에서의 이익은 편익으로 계산되어야 한다. 그러나 편익에 도시의 비물리적인 가치나 약자에 대한 보호 등의 항목이 얼마나 반영되고 있는가는 생각해 봐야 할 문제이다.

대조적으로 도시재생은 현재 시민 의견과 현재 도시 조직을 살리는 것에 집중하기 때문에 상생의 상징으로 비친다. 이와 더불어 재생은 재원 조달의 현실적 어려움으로 주로 공공에서 주도한다. 공공에서 주도하니 더욱 동익을 잘 챙길 수 있을 것으로 보인다. 그러나 공공에서 진행하는 것이야말로 주민 의견 전달이 어려울 수 있다. 결과가 나오기 전까지 주민들은 진행 내용에 접근하기 어려우며, 발주처에서 주민 의견 수렴을 위한 자리를 마련하지 않으면 의견 전달조차 어렵다. 도시재생법에는 주민 제안이나 의견 청취 등의 내용이 포함되어 있다.[1] 그러나 얼마나 다양한 주민들

---

1) 도시재생법은 「도시재생 활성화 및 지원에 관한 특별법」을 의미하며, 주민 의견 청취에 관한 내용은 「도시개발법」에도 도함되어 있다.

의 의견을 수렴할 수 있는지, 그것이 얼마나 반영되는지는 미지수다. 더욱이 공공은 정책을 수립하는 본인이거나 관계기관이기 때문에 현시점에서 필요한 것보다 기존에 수립된 정책 방향에 편중될 위험이 있다. 특히 중앙정부의 공모 사업에 참여하여 사업비를 받아야만 하는 지방의 경우, 해당 지역에서 실제 필요한 것보다 중앙정부의 정책 사업 기조를 따를 위험이 크다. 그래도 도시재생에서 기존 주민이, 원래 그곳에 애착을 가진 사람이 정착할 수 있다는 것은 큰 장점이다. 애정을 가진 사람들이 많아야 사업 종료 후에도 도시의 환경이 잘 유지될 수 있다.

도시재생과 재개발과 같은 도시와 관련된 모든 과정에는 다양한 이해관계자가 참여한다. 지역민(주민), 소유자, 활동가, 도시계획가, 건축가, 시행사, 건설사, 관청 모두가 핵심 인물이 된다. 새로운 사업을 진행할 때나 이후 유지관리 시기에도 마찬가지다. 실제로 매일 조금씩 일어나는 도시의 변화를 일으키는 것은 거주자들이다. 이렇게 형성된 도시의 특성을 꽃피우게 하거나 되살리는 구심점 역할을 하는 것은 활동가들이나 설계자들이다. 이들의 아이디어를 물리적으로 실현하는 것은 시공사와 작업자들이다. 이 과정을 시행사에서 운영하며, 금융권을 통해 필요한 자본을 운용하기도 한다. 사업의 진행을 위해 필요한 제도를 만들어나가고 공공성을 유지하는 것은 공공기관들의 노력이다. 여기에 등장하는 주체들은 각 단계에서 종종 대립하는 관계로 만나게 된다. 시공사와 민원인으로, 민원인과 인허가권자와 같은 비교적 단순한 관계에서부터 보존론자와 개발주의자의 이념적인 대립으로까지 나타난다. 이러한 갈등에서 잘못된 선택이 단 한 번도 없다고 할 수는 없다. 하지만 결국 도시는 그 모든 대립과 균형의 결과물이다. 다양한 의견들이 표출되는 과정에서 도시의 정체성이 형성되고 시대에 따라 재해석 되며, 도시를 살아가는 사람들의 행동을 통해 공간에 기록된다. 우리 모두가 도시를 편향된 시각으로 바라보지 않고, 도시가 전체적으로 조화와 균형을 이루며 발전할 수 있도록 노력해야 한다.

현대사 부동산 중개인 사무소
할라강판 지붕개량
태산기업 010-2246-9765
49

무한대로 견디고 이겨내며 돌보기

다현

'최소'에서 오랫동안 살아남는 법

청량리를 자주 방문하는 나에게 이곳은 낯설거나 색다른 동네는 아니었다. 그러나 이번 학기 설계 수업 프로젝트의 대상지가 청량리로 정해지고 난 후 청량리 이곳저곳을 샅샅이 답사해 볼 기회가 생겼고, 세월이 많이 지난 대규모 주택단지를 우연히 방문했다. 주택단지에 들어서자, 마치 드라마 〈응답하라〉 시리즈의 배경으로 온 것 같았다. 아파트 재개발로 인해 고층 건물로 가득할 줄만 알았던 청량리에 사막 속 오아시스 같은 곳이 있을 줄은 꿈에도 몰랐다. 청량리2동 203번지와 205번지 일대에 지어진 대규모 주택단지가 바로 이곳 청량리 부흥주택이다. 부흥주택은 홍릉의 정문 남쪽 방면에 있다. 청량리 부흥주택으로 많이 불리지만, 지리적인 위치로 청량리보다는 홍릉에 더 가깝기에 홍릉 부흥주택이라고 불리는 경우도 있다. 부흥주택의 동쪽에는 홍릉근린공원과 세종대왕 기념관이 있고, 서쪽에는 한신아파트가 자리를 잡고 있으며 그 뒤로는 정릉천이 흐르고 있다.

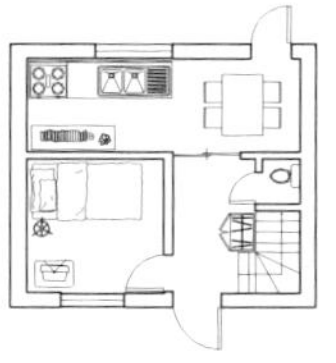
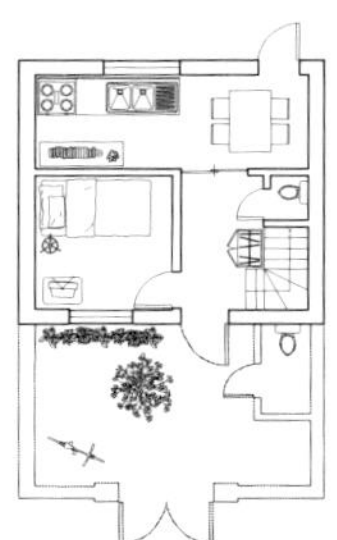

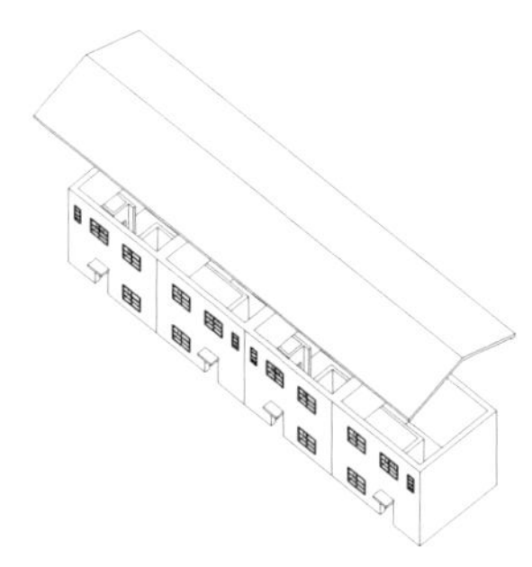
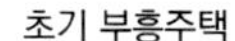
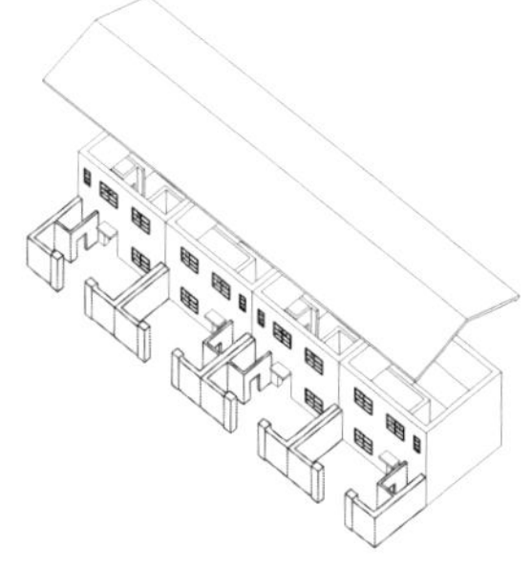

초기 부흥주택

1단계 증축: 외부화장실, 담장

다현

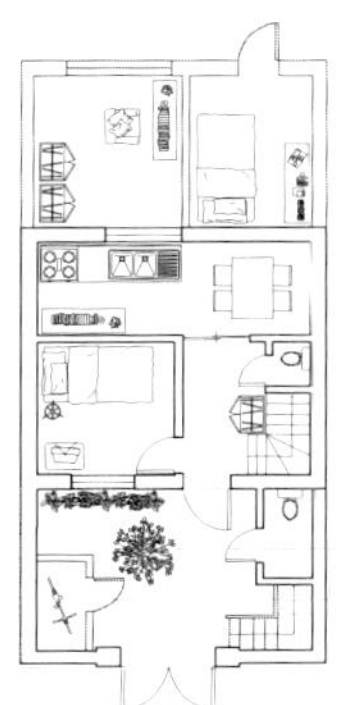

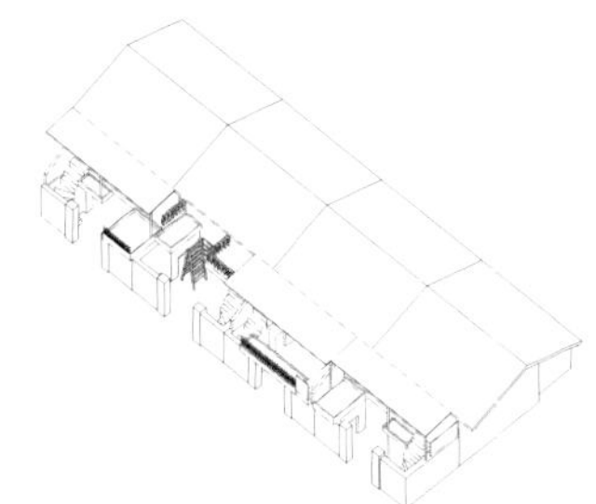

2단계 증축: 외부계단

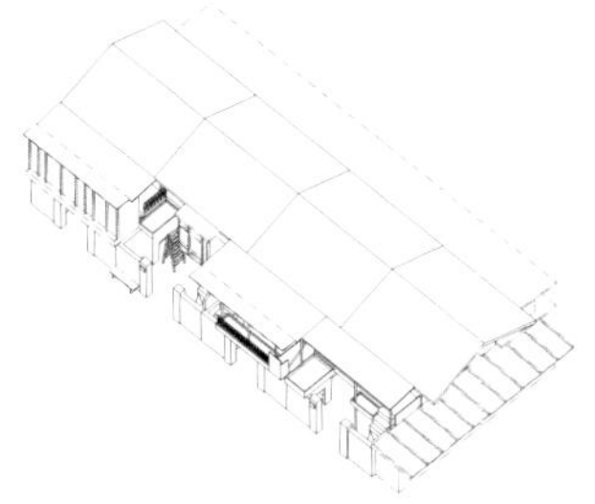

3단계 증축: 방

청량리 부흥주택이 건설되기 전, 이 땅 일대는 창덕궁의 소유였으나 조선총독부가 조선시가지계획령을 제정한 후 이 일대는 청량 대공원으로 지정되었다. 시간이 지나 한국전쟁으로 인해 서울 시가지의 1/4이 파괴되었다. 수많은 피난민과 서울로 올라온 상경민들을 더 많이, 더 빨리 수용하기 위해 대한주택영단은 해외 원조와 여러 공공단체와 금융기관, 구호단체를 통해 5차례에 걸쳐, 총 1,553호의 주택을 지어 분양하게 되었다. 대한주택영단이 건설한 연립주택의 시작이 바로 이곳 청량리 부흥주택이다. 청량리 부흥주택을 시작으로, 형태와 목적 및 자금의 출처에 따라 국민주택, 재건주택, 희망주택, 외인주택 등 다양한 이름으로 건설되었다. 이러한 주택은 정릉동, 안암동, 신길동 등 서울 변두리 지역의 땅값이 저렴한 곳에 집중적으로 지어졌다. 이 당시에 지어진 주택들은 현재 대부분 철거된 상태이며 1970~80년대를 기점으로 단독주택에서 아파트로 변화되었다. 그러나 청량리 부흥주택은 1957년에 지어져 70년이 다 되어가도록 본래의 모습이 잘 유지되고 있다.[1]

그리고 이곳에는 시간이 지남에 따라 주민들이 자리를 잡고 집을 증개축하며 생활 반경을 확장하려한 흔적들이 고스란히 남아있다. 부흥주택은 주거를 위한 최소한의 조건을 고려해 지어졌다. 현재는 과밀 주거 문제에 의해 생겨난 최저 주거 기준이 법령에 명시되어 있다. 고시원과 쪽방촌의 경우에도 이 기준을 충족해야 한다. 그러나 1950년대에는 지금과 같은 최저 주거 조건이 없었다.

---

1) 서울도시센터, "서울 도시공간기록화사업 조사대상목록화 가이드라인제작 및 시범조사 본보고서", 2020.

초기 부흥주택의 도면[2]을 살펴보면 알 수 있듯이 한 집에는 작은 방 하나와 작은 주방 하나가 전부였다. 그렇기 때문에 최소한의 조건에서 편안하게 생활하기에는 아마도 부족한 부분이 많았을 것이다. 부족한 주거 공간은 3단계의 증축 과정을 통해 채워졌다. 과거 우리나라의 화장실은 대부분 외부에 위치했지만, 이곳의 화장실은 내부에 설계되었다. 내부 화장실을 불쾌하게 여겼던 당시 주민들은 외부에 화장실을 만들고, 담장을 쳤다. 이것이 1단계의 공간 확장이다. 다음으로는 2층에 셋방을 주기 위해 외부에 계단을 더 만들었고, 비를 막기 위해 지붕을 세웠다. 마지막으로, 수평적으로 공간을 더 확장하기 위해 가벽을 세워 방을 더 만들었다. 새로 만들어진 방은 부엌이나, 방으로 쓰이기도 하고, 주민들을 위한 세탁소나 상점으로 개업하는 곳도 있었다.

이곳에는 약 70년 동안 주민들이 집을 돌본 흔적이 켜켜이 쌓여있다. 무엇이 이들을 이토록 오랫동안 이곳에 남아있게 했을까. 단지 경제적인 이유 때문만은 아니라는 것을 이 동네의 모습과 분위기를 통해 알 수 있다. 이들이 어떤 사연과 이유로 부흥주택에 남아 살아가고 있는지를 들어보기 위해, 부흥주택에 50년 동안 살며 30년간 부동산을 운영하셨던 오옥자 할머니와 인터뷰를 진행했다.

---

2) 앞서 증축 과정을 세 단계로 나누어진 부흥주택 도면을 수록했다. 다음을 참조해 필자가 재구성해서 그렸다. 서울역사박물관, 『여의도: 방송과 금융의 중심지』, 2020.

우리 집 돌보기

오옥자 할머니 인터뷰는 사실상 게릴라 인터뷰였다. 약 1시간가량 부흥주택 단지를 빙글빙글 돌면서 인터뷰에 응해주실 분들을 찾았다. 쉽게 성공할 것이라 생각했지만, 인터뷰 대상자를 찾는 일은 고난이었다. 그러다 '부동산 중개인 사무소'라는 간판이 눈에 들어오게 되었다. 부동산 사장님이라면 이 동네 사정을 잘 알지 않을까? 기대에 차 어떻게 들어가야 자연스러운가 고민하며 그 앞을 계속 서성였다.

그런 나를 먼저 불러주신 건, 다름 아닌 부동산 안에서 지인들과 이야기를 나누던 오옥자 할머니(이하 옥자)였다. 다행히도 나를 이상한 사람이라 오해하지 않고, 손녀처럼 반겨주셨다. 떨리는 목소리로 나는 할머니와 부흥주택에 관해 약 20분간 짧은 대화를 나누었다.

다현: 안녕하세요, 간단한 자기소개를 부탁드려요. 부흥주택에는 어떻게 들어오시게 되었나요?

옥자: 자기소개라고 할 것도 없고. 뭐, 우리는 청주서 70년도에 이사 왔어. 70년에 이사 왔으니까 거의 한 50년을 넘게 산 거야. 그리고 애들 여기서 다 키워서 시집 장가 다 보내고 지금은 할아버지랑 둘이 나랑 살고 있어. 여기 어떻게 이사를 왔느냐. 우리 시누이가 여기 살았었어. 그래서 시누이가 이제 우리 시골에 땅 다 팔고 이사 오라 해서 온 거지. 애들 공부 가트치고 그러다가 여기서 부동산을 했지. 한 30년, 40년 하다가 이제 할아버지가 아프고 그래서 그냥 또 나도 손주 키우고 그러고 부동산은 폐업 신고 냈어. 지금은 복지관에서 그냥 조끔씩 돈 벌고 그러고 있지. 나는 딸이 넷이야. 아들 낳으려고 내가 낳았잖아. 다섯 번째에 아들 낳았어. 그 아이가 지금 49살이야.

다현: 자녀 분들이 많으시네요. 오랫동안 이곳에 사셨으면 주변 이웃들이랑도 다 알고 친하게 지내고 그러시겠어요.

옥자: 그렇지 다 친하죠. 한 50년을 살았으니까. 근데 또 이사 한 사람도 많아. 뭐 여기서는 다 친하게 지내지. 근데 요즘 아파트 짓고 해서 이사를 많이 갔어. 그렇지만 우리는 시골서 와서 이 집에서 계속 살았던 거야.

다현: 부흥주택이 처음에 만들어졌을 때랑 지금이랑 모습이 되게 다르던데. 이사 오셔서 수리도 많이 하고 그러셨겠어요.

옥자: 손을 많이 봤어. 지붕도 다시 다 새로하고 수리를 몇 번 했어.

내가 이 집을 수리한 것도 한 서너 번 다섯 번도 했었어. 2층도. 수리를 했으니까 살만 하지. 그전에는 그냥 위층 아래층 딱 그냥 하나였어. 근데 이렇게 다 쏘아붙여갖고 수리한 거야. 옛날 집 그대로 있는 건 없어요. 이 동네에.

보자, 여기 집 2층이 전부 다다미 방이었어. 옛날에는 다다미 방이었다가 이제 그걸로 이제 기름 보일러로 했다가 지금 이제 도시가스가 들어온 거야. 우리 처음에 올 때는 2층 다 다다미 방이였어. 다다미 방 알아? 마루 같은 걸로 해가지고, 짜고 이렇게 불 안 넣게 되어있는 거. 원래는 그런 거야 여기가. 근데 뭐 도시가스 들어온지도 거의 한 30년? 20, 30년은 거의 됐지. 오래됐어.

다현: 다들 집도 많이 손 보고, 그러다 보면 집에 대한 정이 많이 생겨날 수 밖에 없겠어요. 또 이웃분들끼리도 다들 정겹게 지내실 거고.

옥자: 그렇지 여기는 시골 같아. 서로가 그냥 가족이지 뭐. 이따 때 되면 여기 아주머니들 일곱 여덟이 모여서 어디 갈 데 없고 그러니까 여기 다 모이는 거야. 여기 앞이 그늘이 되거든? 우리 집이 이 층고가 높아서. 그래갖고 의자들 다 놓고, 여기서 앉아서 한 6시 반 저녁할 때까지 앉아 있어. 아주 날마다 와. 그것도 귀찮아. 여기서 다섯 여섯이 떠들어 봐 한마디씩만 해도 바글바글해. 과일도 먹고, 또 어떤 사람이 사가지고 오기도 하고. 감자도 또 쪄서 먹고. 뭐 이렇게 여기가 한 마디로 시골 동네 같은 거지. 그래서 아파트

다현

재개발이 여기 말 나오기 시작한 지가 20년이 넘어. 반대하는 사람이 많아서 아직도 안 됐어요.

다현: 여기 오다가 재개발 전단지가 붙어 있는 건 봤어요. 이 주변에 아파트 짓는 곳이 많은데 여기는 계속 남아 있는 게 신기했어요. 벌써 20년이나 재개발 논의가 있었는지는 몰랐네요. 재개발 추진이 지연되는 이유가 뭘까요?

옥자: 아래위로 두 층이니까, 말하자면 두 채 값이잖아. 우리 여기 아래층에 방이 4개거든. 거실 크고 위층에 방 4개를 세 놓으면 한 80만 원씩 월세가 나와. 그러니까 노인네들은 그것만 가지고도 먹고 살잖아. 노인네들이 시골 동네같이 살기가 좋은데 어디로 이사를 가느냐, 이제 그런 것 때문에 반대하는 거예요. 아파트는 관리비 내야지, 뭐 넣어야지 하니까 귀찮고 힘들잖아. 돈 가치는 있어도. 그래서 반대하는 사람들이 그렇게 많아. 지금 자꾸 추진하고 있는데 반대가 많아 가지고. 다 됐다고는 하는데 못 믿어, 지금 어쩌는지. 7월 3일 날도 대의원들도 총회가 또 있어요. 대의원들이 8명인데 이제 모여서 의견을 나누고 하는 거야.

다현: 대의원 회의는 여기 사는 사람들끼리 하는 거예요?

옥자: 여기 사는 사람도 있고, 먼 데 사는 사람도 있고. 이지 아파트 되려면 집을 사놓고 어디 이사 가 있는 거지. 그런 사람들도 이제 다 연락하는 거야. 그러니까 이 동네는 달동네 같은 곳이라 생각하면 돼. 이쪽 뒤에는 한신아파트 있지? 거기도 10년인가 걸렸대. 그러니까 여기도 이제 되기는 빨리

될 거야. 다른 아파트는 추진하는 데 20년씩 걸린 데가 없다는데, 이 동네가 그만큼 반대가 심한 거야.

다현: 여기는 무작정 아파트는 안 됐으면 좋겠는데. 지붕이랑 집 고치는 과정에서 문제는 없었어요?

옥자: 문제는 없었지. 다 각자 자기네가 돈 있는 사람은 빨리 했고, 돈 없는 사람은 좀 늦게 하고. 또 오래됐으니까 비가 새가지고 여러 번 하는 사람이 많았어. 맞다, 엊그제도 여기 불이 날 뻔했어. 전기 누전이 돼갖고. 저번에도 저쪽에 불이 나서 또 난리가 났어. 그리고 어쨌든 여기서 영화 촬영도 하고 사진 찍으러 많이 와. 이 동네 여기가 그만큼 같이 살기 좋다고 써줘. 응?

무한대로 견디고 이겨내며 돌보기

인터뷰를 준비하면서 이곳에 살아본 적 없는 내가 낭만적으로만 이곳을 바라보지 않았는지, 이들에게 또 다른 상처를 주는 것은 아닌지 많이 걱정했다. 어쩌면 이곳에 남아있는 것이 아니라 남겨진 것일 수도 있겠다는 생각이 들어서다. 인터뷰를 통해 부흥주택 주민들이 이곳에 남아있는 것은 비단 경제적인 이유만이 아니라는 것을 알게 되었다. 내가 예상하지 못했던 돌봄의 모습을 관찰했고, 여러 이야기를 들어볼 수 있었다. 인터뷰 준비 단계에서 외부인의 시선으로 상처를 주게될지 우려했던 나의 걱정은 사실상 무력화되었다.

이곳 주민들은 이곳에서 아이들을 낳아 키워내고, 어느새 그 아이들은 어엿한 부모가 되어 이곳을 떠났다. 아이를 길러내어 돌보고, 함께 살아가야 하는 보금자리를 돌보며 많은 풍파를 견뎌내고 이겨내며 수십 년이 지났다. 이웃들은 서로 건강과 안식을 묻고 챙기며 돌본다. 이곳은 여러 형태의 돌봄의 흔적이 켜켜이 쌓인 곳이다. 이곳에 사는 이들의 삶이 담긴 부흥주택이 아파트 재개발로 한순간에 사라지지는 않았으면 하는 바람이다.

비인간 돌보기 ——

노들섬의 맹서방을 아십니까

민주

맹꽁이, 그들은 누구인가

맹꽁이에 대해 알고 있는가? 아마도 개구리나 두꺼비와 비슷한 생김새의 어떠한 양서류 동물 정도로 알고 있을 것이다. 그러나 맹꽁이라는 투박하고 울퉁불퉁한 이름은 그들의 작고 예민하고 섬세한 기질을 담아내지 못한다. 몸의 길이는 5cm 미만으르 아주 작으며 개구리에 비해 작은 얼굴과 짧은 손과 발을 가져 버가 상대적으로 볼록하고, 다리가 짧아 귀엽다는 인상을 준다. 맹꽁이들은 야행성 동물로, 물이 있고 습하고 어두운 곳에서 서식한다. 그리고 소리와 빛에 굉장히 여민하다. 그래서 왠지 도심지보다는 물 좋고 공기 좋은 어딘가 깊은 산 속에 사는 생태를 가졌을 것으로 추정되겠지만 그들은 생각보다 우리 가까이에 살고 있다.

한국의 맹꽁이들은 도심 주변에 있는 강이나 습지, 하천, 논 등에서 자생적으로 살아왔다. 그러나 계속되는 도시의 확장과 개발사업 등으로 인해 서식지를 잃어갔고, 한국에 한정해 2005년

멸종위기야생생물 II급의 보호종으로 지정되었다. 멸종위기종인 맹꽁이가 발견되면 그 지역에서 개발사업을 진행할 수 없기 때문에, 그런 경우엔 아이러니하게도 맹꽁이들을 포획하여 대체 서식지에 이주시킨 후에 개발사업이 진행된다.

노들섬과 맹꽁이 이주 사건

노들섬도 대표적인 맹꽁이 서식지였다. 원래 노들섬은 서울의 강북에 붙어있는 하구의 모래사장이었으나 한강 변 정비를 통해 섬이 되었다. 노들섬이 백사장이었을 때도, 섬으로 고립된 이후에도 맹꽁이들은 계속해서 노들섬에 살아왔다.

한편 서울의 지리적 중심인 노들섬은 정치적, 경제적 이유로 개발의 표적이 되었다. 2000년대 초, 한강 르네상스라는 거대한 캐치프레이즈 아래 노들섬 문화단지 조성계획이 추진되었다.[1] 2006년, 2008년 각각 총 두 차례에 걸쳐 노들섬 예술센터 지명 초청 설계 공모가 진행되었다. 노들섬의 터줏대감이었던 맹꽁이들은 설계공모와 개발사업이 진행될수록 자신들의 터전을 잃을 수도 있다는 불안에 시달렸다.

결국 2010년, 노들섬 오페라하우스 건립 사업 착공을 준비하며 노들섬의 맹꽁이들은 포획되어 월드컵공원으로 보내졌다. 이에 따라 노들섬에 거주하던 맹꽁이들은 발가락이 잘린 채 이송되었다. 개발이 완료된 이후 다시 노들섬으로 데려오기 위한

---

1) 서울특별시, 노들꿈섬 공간·시설조성 국제설계공모 설계지침서, 프로젝트서울, 2016.

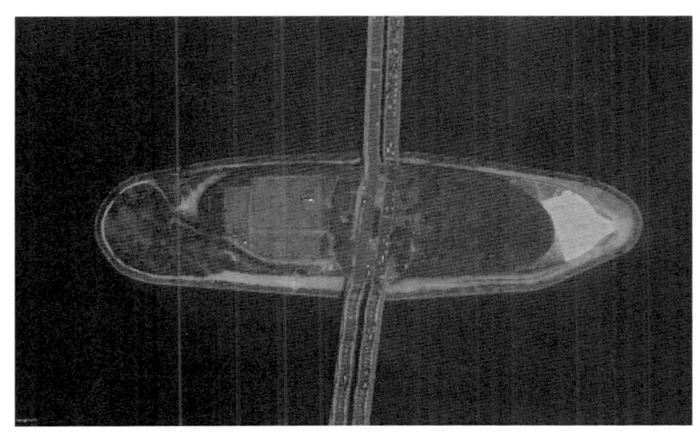

2017년 4월 노들섬
서편은 텃밭으로 이용되는 중이다.

2020년 10월 노들꿈섬 완공 이후
서편에 인간들을 위한 편의시설이 생기고 동편은 맹꽁이 숲으로 유지되고 있다.
ⓒGoogle Earth

노들섬의 맹서방을 아십니까

인간의 일방적인 표식이었다.[2] 노들섬 오페라 하우스 프로젝트는 예산 문제로 무산되었지만 노들꿈섬 복합문화공간화 프로젝트가 곧이어 재진행되었다. 그들은 원래 예정된 시점에 돌아오지 못했고, 노들꿈섬이 완공되는 2019년에야 고향에 돌아올 수 있게 되었다.[3]

원래 사람들이 접근할 수 없고 한강대교를 건너 통과만 할 수 있었던 노들섬은 완공 이후 서편은 복합문화공간과 편의상가가 들어서 인간들의 공간이 되었고, 동편은 맹꽁이 숲으로 지정되어 일부를 제외하고는 사람들이 접근할 수 없는 미지의 공간으로 남게 되었다. 노들섬 개장 이후 방문객은 해마다 증가하여 시민들에게 사랑받는 서울의 대표적인 피크닉 장소가 되었지만, 그들 대부분은 고립되어 기척이 들리지 않는 맹꽁이 이웃들의 존재를 인지하지 못하고 있다.

이런 배경을 가진 노들섬을 대상지로 서울시가 주최한 〈서울은 미술관〉 2022년도 대학협력 공공미술 프로젝트 공고가 고시되었다. 공모전에 참여하고자 사이트에 대해 사전 조사를 시작한 우리 팀은 노들섬에 이런 인간의 이기적이고 부끄러운 역사가 숨겨져 있다는 것에 가장 먼저 놀랐고, 세간에서는 이러한 부분들이 전혀 조명되지 않고 노들섬이 낭만과 여가의 공간으로만 소비되고 있는

---

2) 강경민, "김기덕 서울시의원 "22개 직영공원에 야생동식물보전 활성화 정책 펼쳐야"", 「서울신문」, 2019.09.02.
3) 맹꽁이들의 평균 수명은 10년으로, 월드컵공원 이전 후 노들섬에 돌아온 맹꽁이들에 대해 추적관찰이 이루어졌다.

현실에 또 놀랐다. 그래서 시민들이 이 공공미술 프로젝트를 매개로 하여 노들섬을 더욱 즐길 수 있게 하고자 하는 주최 측의 의견에는 정반대로 맞서는 것일 수도 있지만, 우리는 노들섬의 이러한 어두운 이면을 밝히자는 주제를 잡게 되었다. 그렇게 해서 탄생한 것이 〈노들에서 맹서방 찾기〉 프로젝트다.

〈노들에서 맹서방 찾기〉

가이드 '맹'과 '꽁'이 투어를 진행하는 모습.
투어는 노들섬 육교에서 시작했다.

〈노들에서 맹서방 찾기〉는 노들섬 개발의 이면에 감추어진 맹꽁이 이주 사건을 파헤치며 예술을 통한 인간과 비인간의 관계 맺기를 시도했다. 이 땅에서 이런 일들이 있었다고 밝히며 이 작은 이웃들의 존재를 상기시켜 주고, 그들과 앞으로 어떻게 같이 살아갈지 시민들과 대화하는 장을 마련해 보고자 했다.

우리의 우려와는 달리, 〈노들에서 맹서방 찾기〉는 〈서울은 미술관〉에 당선이 되었다. 우리 팀은 디자인과, 조소과, 건축학과, 인류학과 등 여러 전공에 발을 걸친 미술대학 동기 7명의 조합이었다. 우리는 각자의 적성을 살려서 다양한 매체의 작업을 시도하기로 했고(라고 쓰지만 각자 하고 싶은 걸 하다 보니 작업의 개수가 늘어났다.) 총 네 가지의 작품이 나오게 되었다. 다수의 작품을 하나의 통합적인 스토리텔링으로 전달하기 위해 관객 참여형 전시를 전제로 하였고, 우리가 직접 가이드 '맹'과 가이드 '꽁'이 되어 맹꽁이 모자를 쓰고 투어의 형식으로 진행하기로 했다.

이 전시는 종료되었기 때문에 다시 볼 수도 없고 투어를 진행할 수도 없으나, 최대한 투어의 순서와 느낌을 살려 자세하게 글을 썼다. 독자 여러분들은 투어에 임하는 마음가짐으로 이 글을 읽으면 좋겠다.

〈노들에서 갱서방 찾기〉 메인 포스터

〈노들에서 맹서방 찾기〉 작품 구성

1. 맹 in 블랙

인간들의 움직임이 잠잠해질 저녁 무렵, 선글라스를 낀 맹꽁이 한 마리가 비밀스러운 여정을 떠난다. 그는 한강에 사는 다른 비인간 동물 이웃들과의 회담에 가는 길이다. 원앙, 조롱이, 쇠딱따구리, 수달들이 밤섬에 모여 저마다들이 사는 세계를 지킬 방법을 의논한다. 인간 위주의 휴먼스케일로 조직된 도시, 서울 노들섬의 맹꽁이 숲은 섬 속의 또 다른 섬이다. 생태 보호구역으로 지정된 맹꽁이 숲의 맹꽁이들은 그곳을 벗어날 수 없는, 절벽 위 성에 갇힌 공주나 마찬가지다. 그런데 우리의 생각보다 맹꽁이들도 공사다망하지 않을까. 이는 인간의 관점에서 설계된 노들섬을 맹꽁이의 몸을 두르고 경험해보는 상상이다.

2. 맹꽁이 노래자랑

음악의 화음을 조화와 상생의 가치와 연결 지을 수 있다면, '맹', '꽁' 주거니 받거니 하는 맹꽁이들의 울음방식은 본받을 만하다. 그들의 리드미컬한 사랑 노래를 흉내 내기 위해서는 옆 사람의 노랫소리에도 귀를 기울여 나란히 박자를 맞춰가야 할 것이다. 의도와는 다른 엇박자, 음 이탈, 그리고 생경한 소리로 노래를 부르는 동안 자기 밖 존재, 함께 있지만 미처 몰랐던 존재들에게 공감하기 위한 경험적 감각을 일깨워 보자.

민주

3. 맹꽁이 구조대

　땅에 뿌리 내리지 못하는 화분은 엉성한 집. 이곳에도 저곳에도 머물 곳 없는 맹꽁이가 이리저리 옮겨진다. 화분 밖 세상, 맹꽁이는 온전한 집을 가질 수 있을까? 사람이 사는 곳에는 맹꽁이가 있다는데 우리는 방 한켠 작은 귀퉁이도 내어주지 않는 무심한 이웃이다. 사람들의 땅이 넓어질수록 다른 생명들은 고향을 떠나는데, 이제 가면 언제 오나. 앞으로 영원히 만나지 못할 수도 있는 맹꽁이를 구하러 떠나보자.

4. 맹꽁이는 어디로 갔을까

　이례적으로 비가 많이 오던 날 도시가 물에 잠길 때, 서울의 어느 숲으로 맹꽁이를 찾아 떠난다. 수상한 맹꽁 박사의 안내에 따라 본 적 없는 그것의 몽타주를 그리고, 동태를 살펴 모험을 떠난다. 이 땅에는 그런 동물이 살았다는 것, 살고 있다는 것, 그리고 사라지고 있다는 것을 상기함과 동시에 떠오르는 반성. 인간들에 의해 맹꽁이들이 너무나 간단하게 옮겨졌다. 그들이 옮겨간 대체 서식지조차 철창을 두른 돌바닥에 풀숲일 뿐, 그 삭막함은 바깥과 다르지 않다. 집 떠난 맹서방은 정말 어디 있을까? 가상의 3D 맹꽁이와 춤을 추고 노래하며 다시금 함께하기를 기원한다.

1. 맹 in 블랙

첫 번째 작품은 〈맹 in 블랙〉이다. 지구에 사는 외계인들의 정체를 숨기기 위한 단체의 요원들이 주인공인 영화인 '맨 인 블랙'의 제목을 패러디했다. '맹 in 블랙'의 스토리를 요약하자면 노들섬에서 인간과 맞닥뜨리게 된 맹 in 블랙의 요원 J와 K. 요원 J는 자신을 발견한 인간에게 오늘 밤 개최될 한강 멸종위기 생태종 회의에 대해 설명한다. 관람객은 노들섬 곳곳에 놓인 수상한 조형물의 QR코드를 스캔하여 실제 화면과 오버랩 되는 AR 필터를 통해 맹 in 블랙 요원들을 만날 수 있다. 그들은 자신의 서식지를 지키기 위한 비인간 동물들과의 비밀 작전에 대해 설명한다.

〈맹 in 블랙〉, 2022, 혼합재료, 가변설치,
본부 조형물 앞에서 AR을 실행한 모습.

디지털 제작물은 Spark AR을 이용하여 대사를 말하는 2D 맹꽁이와 실제 공간을 돌아다니는 3D 맹꽁이가 한 화면에 담기도록 인스타그램 필터를 제작하여 퍼블리싱했다. 실물 조형물은 총 세 개의 거점으로 구성되며 맹꽁이가 한강을 오갈 수 있게 해주

민주

는 터미널, 맹 in 블랙 본부, 새를 타고 이동할 수 있는 비행장 등 맹꽁이 비밀 조직의 구조를 상상하여 제작했다. 맹 in 블랙 요원들의 거점은 나무와 이끼 등 자연적인 재료로 만들어져 그 자체로 흥미를 끄는 특이한 조형물이면서도, AR 필터 속 맹꽁이가 활동하는 배경이 되도록 했다.

〈맹 in 블랙 – 비행장〉, 2022, 혼합재료, 가변설치.

〈맹 in 블랙 – 터미널〉, 2022, 혼합재료, 가변설치.

인스타그램에 능숙하지 않은 어린이나 높은 연령대의 관람객들이 오면 작품 관람에 어려움이 있을 것으로 예상이 되었다. 그런 경우에는 투어 가이드의 휴대폰으로 보여주거나, 일반 관객들도 옆 사람과 화면을 나눠보도록 유도했다. 투어를 진행하며 살펴본 바로는 터치만 하면 화면이 넘어가는 방식이라 대부분이 손쉽게 작품을 관람할 수 있었다. 그리고 3개의 거점에서 스토리를 모두 관람해야 하기 때문에 각 스토리는 짧고 단순하지만, 뒷배경에 등장하는 시시각각 움직이는 현란한 맹꽁이가 이 플레이 시간을 흥미롭게 만들도록 했다.

2. 맹꽁이 노래자랑

두 번째 작품은 〈맹꽁이 노래자랑〉이다. 수컷 맹꽁이는 장마철 번식기에 암컷에게 자신의 위치를 드러내기 위해 울음소리를 낸다. 맹꽁이의 이름은 맹꽁이가 우는 소리가 '맹-꽁'하고 들리기 때문에 지어졌다. 사실 그 울음소리는 한 마리의 맹꽁이가 그렇게 우는 것이 아니라 두 마리의 수컷 맹꽁이가 각자 울 때 서로 다른 음역대로 인해 한 마리는 '맹, 맹, 맹'으로 들리고 다른 한 마리는 '꽁, 꽁, 꽁'으로 들리기 때문에 '맹-꽁-맹-꽁'으로 들리는 것이다. 맹꽁이들이 이렇게 서로 간의 박자를 맞추며 조화를 생각하는(?) 생태적 특성에서 기인하여 인간 동물이 직접 맹꽁이의 이러한 특성을 경험해볼 수 있는 체험형 작품을 만들었다.

디지털 작업으로는 두 사람이 듀엣으로 마이크에 대고 노래를 부르면 각각 한 사람의 목소리가 '맹'과 '꽁'으로 출력되는 효과를 구현했다. 보코더(vocoder) 프로그램을 이용하여 다양한 맹꽁

민주

이 울음소리로 테스트를 진행했고, 우리가 원하던 최적의 세팅값을 가진 '맹'과 '꽁'소리를 만들어내었다. 이때 두 사람이 각각 내는 '맹'과 '꽁'소리가 서로 동시에 겹치지 않고 박자를 맞추어 번갈아 "맹-꽁-맹-꽁"하며 소리가 나오게 하는 것이 주안점이었다.

도시 한복판의 자연 속에서 노래하는 이색적 경험을 만들기 위해 서울 전경이 잘 보이는 노들섬 라이브하우스 건물 옥상 수풀에 설치했다. 맹꽁이 서식지인 습지를 재현하기 위한 갈대와 그것을 담을 화분 구조를 만들었다. 일부 갈대를 제외한 식재는 전북 부안의 공사 현장에서 조달하였으며 이는 개발 공사로 인한 맹꽁이의 이주 서사를 반영한 계획이었다.

〈맹꽁이 노래자랑〉, 2022, 혼합재료, 가변설치.

사람이 올라가는 각각의 좌대는 여러 명이 올라가 춤을 추어도 안전하도록 18t 두께의 합판으로 제작했다. 그 앞에 노라방 기계를 대여하여 놓고 스피커와 마이크 스탠드 등을 설치했다. 관람객은 각자가 원하는 노래를 자유롭게 선택하여 부르면 자신과 친구의 목소리가 '맹'과 '꽁'으로 노들섬에 조화롭게 울려퍼지는 경험을 하게 된다.

이 맹꽁이 노래자랑은 투어에서 가장 인기가 많았던 작품이었다. 투어 시 관람객들의 수줍음이나 소극성으로 인해 아무도 노래를 부르려고 하지 않으면 투어 가이드가 직접 나서서 노래를 부르려고 했다. 그러나 그런 걱정이 무색하게도 매 회차 때 적극적인 관람객이 한 분씩은 꼭 있었고, 동요를 부르는 어린이나 K-pop을 부르는 또래 친구들 등 다양한 관람객들이 투어가 아닐 시에도 노래를 부르다가 갔다. 그럴 수 있었던 이유는 생각보다 '맹-꽁'소리가 크기 때문에 부르는 사람의 목소리가 두드러지지 않을 수 있었기 때문이다. 맹꽁 가이드들도 투어를 진행하지 않는 쉬는 시간에는 맹꽁이 노래자랑의 무대에 앉아서 잠시 쉬며 노래를 부르다 가곤 했다. 그 때 부르던 노랫소리가 노들섬에 울려 퍼져 본의 아니게 〈노들에서 맹서방 찾기〉의 홍보 수단이 되었을지도 모르겠다.

3. 맹꽁이 구조대

세 번째 작품 〈맹꽁이 구조대〉에서는 실제 맹꽁이 이주 시에 사용된 트랩을 아태양서파충류연구소로부터 지원받아 설치했다. 작품은 가이드의 안내에 따라 관람객들이 트랩에 갇힌 맹꽁이를 찾는 게임으로 진행된다.

맹꽁이 트랩은 맹꽁이가 축축하고 어두운 곳을 좋아한다는 특성을 이용한다. 화분 같은 깊은 그릇에 나무젓가락을 꽂아 그 위

민주

에 화분 받침을 뚜껑으로 얹으면 맹꽁이가 좋아하는 그늘진 곳이
된다. 맹꽁이는 그늘진 곳을 찾아 화분 받침 그늘 밑으로 기어들
어오게 되는데, 그러면 그 아래의 깊은 그릇에 빠지게 되는 것이
다. 개발로 인해 기존 서식지를 떠나야 하는 맹꽁이들은 맹꽁이
트랩에 포획되어 대체 서식지로 옮겨진다. 이 또한 폭력적인 처사
로 보일 수 있지만, 맹꽁이를 개발이라는 폭력으로부터 보호하기
위한 처사의 일환이라는 것은 아이러니하다.

〈맹꽁이 구조대〉, 2022, 혼합재료, 가변설치.

처음에 관람객들은 '맹'팀과 '꽁'팀으로 나뉘어 판 뒤집기 게임
을 하는데, 맹꽁이 트랩의 뚜껑인 화분 받침을 윗면 아랫면으로
구분한다. 게임이 끝날 시점에 더 많은 화분 받침을 뒤집어 영역
을 넓힌 팀에게 상품을 주기로 약속한다. 관람객들이 서둘러 화분
받침을 뒤집고 게임이 종료되면, 가이드는 게임의 승패를 가르는
대신에 화분 속에 숨어있던 맹꽁이를 보았는지 묻고, 다시 한번

함께 맹꽁이를 찾아보자고 제안한다. 각자의 영역을 넓히기에 바빴던 관객들은 화분 받침을 뒤집는 대신 들어 올려 그 안에 숨어 있던 맹꽁이를 다시금 허리를 숙여 정성스레 찾아 구출하게 된다.

이 작품을 위해 한낮의 햇볕이 가장 더운 시간에도 뛰어다니는 게임을 진행해야 했다. 그러나 모든 것을 너무 열심히 하는 한국인의 어쩔 수 없는 특성인지, 게임을 한번 시작하면 다 같이 맹렬하게 뛰어다니는 모습이 너무 웃기고 귀여웠다. 그래서 땀을 뻘뻘 흘리며 게임을 마친 이들에게 이 게임의 목적이 승부 가르기가 아니었다는 진실을 전달할 때 죄책감이 들었다. 그리고 혹시나 우리의 의도와 다르게 '관람객들이 게임을 하던 와중에 맹꽁이가 있던 것을 먼저 발견하고 의문을 제기하면 어쩌지?'라는 생각을 했지만 놀랍게도 아무도 맹꽁이가 그 화분 속에 들어있다는 것을 발견하지 못했다. 어쩌면 우리가 맹꽁이를 너무 사실적인 색감으로 만들고, 그 후에 한 번 더 화분의 흙 속에 파묻었기 때문인지도 모르겠다. 투어의 시점상에서도 발단-전개-절정-결말 중 절정에 해당하기도 하고, 내용상으로도 유일하게 서스펜스를 넣은 작품이었기 때문에 이 반전이 통하지 않을까 마음을 졸였다. 그러나 다들 몸을 움직이며 게임을 한 것 자체에서 어느 정도 도파민이 형성되었고, 상품으로 이긴 팀에게만 주겠다고 했었던 손수건 경품을 게임의 승패와 상관없이 모두에게 준다고 말함으로써 분위기를 풀고 마지막 작품으로 이동할 수 있었다.

4. 맹꽁이는 어디로 갔을까

마지막 작품인 〈맹꽁이는 어디로 갔을까〉는 앞선 3가 작품의 배경 설명과 우리가 전달하고자 하는 가치를 더욱 직접적으로 드러내기 위해 영상으로 제작했다. 기후 위기로 사라져가는 우리 비인간 이웃들에 대한 경각심을 불어넣되, 너무 심각하고 무거워지지 않게 여러 가지 방식으로 영상 소스를 만들었다. 맹꽁이가 서식하는 서울숲을 찾아가 촬영하여 현장감을 더하고, 아태양서파충류연구소 김종범 소장님과 인터뷰를 진행하여 신빙성을 부여하고, 우리의 이야기를 유머러스하게 대신 전달해 주는 가상의 인물을 3D 애니메이션으로 만들어 영상 전반을 실험적이고 흡입력 있게 제작했다.

〈맹꽁이는 어디로 갔을까〉, 2022, 투채널 비디오, 9:47

영상은 미스테리한 인물 '맹꽁 박사'가 나타나 맹꽁이에 대한 기본적인 지식을 설명하는 것으로 시작한다. 그래서 맹꽁이는 어디로 갔는지, 이들이 왜 사라지게 되었는지를 점차 밝혀나간다. 결과적으로 우리에게 미지의 존재였던 맹꽁이의 존재가 점차 밝혀지며 그들의 실존에 관한 문제가 우리의 생존에도 연관되는 문제였음을 드러내며 영상은 마무리된다. 이 작품에서 가장 우여곡절이 많았던 것은 야외 전시라는 특성상 모니터를 비치하여 영상을 재생하는 점이었다. 야외 모니터 설치에 대해 고려하지 않아서 모니터가 넘어지는 사고도 발생하고, 어렵게 모니터 스탠드를 다시 만들어서 설치 했는데 주간에는 햇빛이 반사되어 모니터 화면이 보이지 않아 천막을 급히 구입하기도 했다.

2024년 현재, 노들섬과 맹꽁이의 운명은?

이 프로젝트를 진행할 2022년 시점에는 함께한 팀원들은 모두 '노들섬의 원래의 주인이었던 맹꽁이가 점점 노들섬에서 설 자리를 잃어간다는 것이 안타깝다'는 정서를 공유하며 출발했다. 우리는 전시 기간 내내 찾아오는 관람객들에게 직접 투어를 진행하며 우리의 작품뿐만 아니라 맹꽁이에 대해 목이 쉬도록 설명했다. 우리 또한 내부적으로도 이 노들섬에서 이 프로젝트를 진행하며 혹시나 어떠한 소음이나 공해로 맹꽁이에게 위해를 가한 게 아닐까 하는 회의가 있었지만, 적어도 우리의 전시를 관람한 이들에게는 노들섬에 있는 맹꽁이의 존재를 알렸다는 사실에 나름대로 뿌듯해했다. 우리의 메시지가 앞으로 노들섬의 맹꽁이들을 지켜주는 데에 일조할 수 있지 않을까 하는 작은 희망을 품기도 했다. 그러나 2024년 현재, 서울시는 '노들 글로벌 예술섬' 현상설계 공모를 두 차례에 걸쳐 진행하며 노들섬을 서울시 최대의 랜드마크로 만들려는 계획을 차근차근 밟아나가고 있다. 제출된 개별안들은 맹꽁이 숲을 존중하기도, 덮어서 보호하기도, 아예 언급조차 하지 않기도 하면서 각자의 방식으로 자신의 조형을 만들어 선보였다. 그 안들이 얼마나 매력적이든, 맹꽁이들을 고려하는 안이든 간에, 이 대대적인 공사 전에 맹꽁이들이 또 한 번 이주의 아픔을 겪게 될 사실은 변함이 없다. 우리의 목소리가 너무 작았던 것일까? 맹꽁이들이 다시 한번 더 살아남아 주기를 빌 뿐이다. 또한 노들섬뿐만 아니라 우리가 인지조차 못 하는 다른 장소에서도 이러한 아픔은 반복되고 있을 것이다. 이러한 일이 반복되는 것을 막으려면 우리는 항상 눈을 크게 뜨고 우리의 작은 이웃들에게 귀를 기울이며 살아야 할 것이다.

혹시라도 노들섬의 맹서방을 만나게 된다면 안부 인사를 전해 주세요. 맹-꽁.

돌고래의 '찐'한 매력: 『마린 걸스』

채야

어린 시절 동물원에 가는 것을 별로 좋아하지 않았다고 했지만, 하나 좋아했던 것이 있었으니 바로 돌고래쇼였다. 다른 동물과는 달리 행동 하나하나가 매력적인 동물이라고 생각했다. 국내 아쿠아리움에 처음 벨루가가 들어왔을 때, 나 역시 벨루가를 보겠다고 아쿠아리움에 간 적이 있다. 웃는 얼굴을 가진 하얀 돌고래에게서 눈을 뗄 수가 없었다. 함께 사진을 찍고 싶어 큰 유리창 앞을 이리저리 옮겨 다녔다. 전문가가 아닌 내가 보기에도 벨루가에게서 이상 행동이 보였다. 벨루가를 보기 전에는 돌고래들이 수족관이라는 안전한 공간에서 사람이 주는 먹이를 먹으며 잘 살고 있는 것이라 생각했다. 하지만 그건 온전히 나의 착각이었다. 자연에서 벨루가는 1,000m 이상 잠수하고 때론 수백 km를 무리 지어 이동하면서 다양한 자극을 받으며 산다. 그러나 아쿠아리움의 벨루가는 좁은 수조 속에서 아무리 헤엄쳐도 여전히 제자리다. 그렇다면 무엇이 진정 벨루가를 포함한 돌고래들을 위한 삶일까? 『마린 걸스』에서 그 실마리를 찾을 수 있다.

돌고래의 모든 것

『마린 걸스』는 두 여성 행동생태학자의 8년 여 연구가 갈무리되어 있다. 한마디로 돌고래의 찐 면모를 파헤친 책이다. 저자들은 우리의 상상 속 혹은 좋은 이미지로 포장되어 있던 돌고래가 아닌 돌고래의 진짜 삶을 전달하고 싶었다고 한다. 그들의 바람처럼 책 속에는 남방큰돌고래의 음향 특성에 대한 이야기, 도구를 사용하는 방법과 돌고래의 문화 등 우리가 그동안 알지 못했던 돌고래에 대한 정보가 가득하다. 책에 서술된 돌고래의 특징 중 가장 흥미로웠던 것은 돌고래의 의사소통 방식이었다. 돌고래가 소리를 통해 의사소통하고 주변 환경을 인지한다는 것은 익히 알고 있었다. 그러나 그 방식은 생각보다 복잡하고 다양했다.

소리는 공기 중에서보다 바닷물에서 약 4.5배 빠르게 전달되며 더 멀리까지 전달된다. 이런 이유로 돌고래는 빛보다 소리에 더 많이 의존해 소통하며 주변 환경을 인지하도록 진화했다.[1]

돌고래들은 휘슬음[2]이나 클릭음[3]으로 소통하고 공간을 감각하고 돌고래마다 시그니처 휘슬음이 있어서, 소리로 돌고래를 구분할 수 있다고 한다. 그러나 수족관 속 돌고래들은 아무리 소리쳐도 되돌아오는 소리 때문에 이명에 시달린다. 어쩌면 안전하다고 자부하는 수족관이 돌고래들에겐 감옥에 갇혀있는 것처럼 느껴지는 이유일 것이다.

---

1) 정수진·김미연, 『마린 걸스』, 에디토리얼, 2023, 54쪽.

2) 휘슬은 돌고래가 소통을 위해 사용하는 대표적인 소리다. 같은 책, 55쪽.

3) 클릭음은 문자 그대로 딸깍거리는 음이 일정하게 아주 짧은 간격으로 연속해 나타나는 소리다. 같은 책, 55쪽.

채야

인간과 공존하는 서식지

　동물에 관해 이야기할 때, 빠지지 않고 언급되는 것이 바로 서식지다. 서식지는 생물들이 살아가는 공간을 뜻하며 동물은 물론 우리 인간에게도 중요한 공간이다. 우리는 우리의 서식지를 확보하기 위해 종종 아니 아주 많이 동물들의 서식지를 파괴하곤 한다. 그뿐만 아니라 얕은 바다부터 깊은 바다까지 돌고래가 생활하는 공간에 사람들이 물고기를 잡기 위해 접근한다. 실제로 돌고래와 어업은 우리나라뿐만 아니라 전 세계적으로 끊임없이 충돌하는 사안[4]이라고 한다. 정치망이라고 불리는 어구는 연안 근처, 어류가 지나가는 길목에 설치된다. 물고기를 잡다 정치망 안에 들어온 돌고래는 숨을 쉬지 못해 죽게 되거나 정치망을 뚫고 나간다. 어민들은 종종 돌고래 때문에 물고기를 잡을 수 없거나 그물이 찢어져 물질적인 손해를 입는다고 말한다.

　그러나 돌고래의 입장에서 생각해 보면 우리가 돌고래가 살아가는 공간을 빼앗는 것일 수 있다. 저자들 역시 "오늘날에도 해양 개발은 과거처럼 경제 논리를 앞세워 추진되지만, 생태계의 복잡성과 기후위기가 보내는 경고에 우리가 더욱 세심히 귀 기울여야 한다"[5]고 이야기한다. 남방큰돌고래가 우리와 영원히 지낼 수 있을 거로 생각하지만, 어쩌면 제주도가 남방큰돌고래의 마지막 터전일 수 있다. 저자들은 인간과 돌고래가 함께 공존할 방법에 대해 명확하게 답을 내리지 않는다. 다만 "돌고래들을 보며 환호만

---

4) 같은 책, 153쪽.

5) 같은 책, 44쪽.

하면 되는 건지” 또는 “왜 우리 바다에 사는 고래와 돌고래를 보호해야 하는지” 우리에게 생각할 수 있는 질문을 던진다.

오래오래 보고 싶다

어쩌면 이 책의 저자들은 돌고래의 진짜 면모를 드러냄으로써 더 많은 돌고래 연구자가 나오길 바라는 것 같다. 저자들은 서식지에 대한 연구나 개체에 대한 연구, 어업과 공존할 수 있는 연구, 남방큰돌고래의 소리와 행동 신호에 관한 연구 등 하고 싶은 연구가 무궁무진하다고 이야기한다. 아직은 부족한 연구의 공백이 메워져서 더 많은 돌고래와 고래류를 우리나라 연안에서 자주 봤으면 좋겠다.

남방큰돌고래가 제주도에 서식한다는 사실은 아주 큰 축복일지 모른다. 그런데 우리는 종종 그 축복을 잊어버린 채 해양 개발이란 명목하에 계속되는 환경 파괴를 자행하고 있는 걸지도 모른다. “우리는 계속 돌고래가 사는 바다를 보고 싶다”는 저자의 바람처럼 나 역시 고래나 돌고래에 대한 연구가 계속 지속되고 더 많은 돌고래를 계속 우리나라 연안에서 볼 수 있기를 바란다.

비인간 존재에 응답하여 다정한 도시 만들기

에코페미니즘 연구센터 '달과나무' 연구위원 홍자경 X SOFA

더위가 기승을 부린 9월의 어느 주말, 서울대학교 건축학과 연구실에서 '문화번역자' 홍자경 연구위원을 만났다. 문화인류학을 공부하며 '문화번역' 작업에 대해 배웠고, 이후 여러 분야를 넘나들며 에코페미니즘의 언어를 구체적이고 실천적인 언어로 번역하기 위해 고민하고 있다. 현재는 여성환경연대 부설 에코페미니즘 연구센터 '달과나무'에서 연구위원으로 지내며, 연구센터에서 2023년 출간한 책 『우리는 지구를 떠나지 않는다』에 "도시에서 새의 삶과 죽음을 알아보고 응답하기"라는 제목의 글을 썼다.

홍자경 연구위원은 연세대학교 문화인류학과에서 '도시 탐조 문화' 연구로 석사학위를 받고, 현재는 관심을 확장하여 서울대학교 대학원 농업자원경제학과에서 정책에 기반한 새로운 공부를 하고 있다. SOFA는 건축과 에코페미니즘의 교차점을 질문하며 그와 대화를 나누었다. 도시는 경제와 발전을 구심점으로 건축을 생산해 왔고, 건축의 역사에서 순환, 재생산, 돌봄의 가치는 저평가되었다. 에코페미니즘의 여성적 관점을 참조한다면, 도시와 건축의 미래를 어떻게 상상할 수 있을까?

들어가며

SOFA: 반갑습니다. 어떤 연구 혹은 활동을 하고 계신가요?

홍자경: 반갑습니다. 저는 문화인류학 공부를 했었고, 여성환경연대 부설 에코페미니즘연구센터 '달과나무'에서 반상근으로 2년 정도 일을 했었어요. 그러면서 석사학위 논문을 마치고, 새로운 관심사가 생겨서 최근 서울대학교 농업자원경제학과에서 새로운 공부를 하고 있습니다.

저는 연세대학교에서 본 전공을 국제학으로 하고 문화인류학을 부전공했어요. 국제학 안에서는 세부 전공으로 아시아지역학을 선택했어요. 아시아 중심으로 인문학과 사회과학을 배우는 간학문적인 전공이었는데 그중에서 문화인류학의 관점에 관심을 가지게 됐어요. 그래서 본 전공에서 페미니즘, 탈식민주의 관점을 배웠고, 이걸 기반으로 페미니즘과 환경 전반에 관심을 가지게 되었어요. 근데 그때도 에코페미니즘은 몰랐어요.

자연스럽게 인류학 수업을 듣다가 부전공을 하게 됐어요. 거기서 김현미 교수님의 '환경과 문화' 수업을 듣고 에코페미니즘 이론을 처음으로 알게 되었어요. 그러면서 '이런 연구를 해보고 싶다'는 생각이 자연스럽게 들어서 김 교수님이 계신 대학원으로 가게 되었어요. 그곳에서 즐겁고 어렵게 공부했죠. 제 관심사가 애초에 환경과 여성의 어떤 접합 지점에 있었고, 석사 때 그런 수업을 위주로 듣고 연구 주제도 고민했어요. 에코페미니즘 이론을 기반으로 실천하는 단체인 여성환경연대도 그렇게 알게 되었고요.

SOFA: 여성환경연대와는 어떤 일을 주로 하셨나요?

홍자경: 사실 실무자 역할이 좀 더 강했어요. 정기 및 비정기 강좌, 월례 회의, 책 출간, 그 외에 반짝반짝한 이벤트들까지 연구센터에서 진행하는 다양한 작업들 있어요. 예를 들어 '일본에서 오염수 방출한다' 하면 막기 위해서 성명서 쓰고 그런 작업도 하고요. 그러니까 아무래도 실무자가 필요하잖아요. 저는 실무자 역할을 하면서 담론화 작업에 참여하는 식으로 일을 했어요.

여성환경연대와 연구센터 '달과나무'

SOFA: 여성환경연대는 어떻게 창립된 단체인가요?

홍자경: 굉장히 오래됐어요. 1999년에 창립선언문이 쓰였어요. 초기에는 에코페미니즘의 가치를 지향하는 페미니스트들, 활동가들이 모여서 단체를 조직한 것으로 알아요. 창립 선언문이 진짜 멋있는데요. '우리는 거리의 청소부도 되고 치열한 환경 투사도 되겠다'라는 이야기를 하거든요. 그래서 거대한 조직화가 아니라 풀뿌리 운동을 지향했어요. 지역을

기반으로 그 땅에 뿌리 내리고 있는 사람들이 자기 지역의 문제를 발견하고, 해결책을 모색하는 것을 조직의 중요한 비전으로 삼았어요. 지금 서울에 사무처, 동북 지부, 남서지부 이렇게 3개 조직이 있어요.

지부 활동가들과 마을 활동에 참여하시는 시민들을 보면 중년 여성이 많아요. 그래서 정말 사소한 것들, 지역 텃밭 가꾸고, 지역 내 자원순환 시스템 구축하고, 제로웨이스트숍 만들고, 주부들이 친환경 살림이나 수리 워크숍 진행하고 이런 것부터 한 거예요. 여전히 진행되고 있고요. 그런 활동들이 무슨 거시적 해결 방안이 되겠느냐고 할 수도 있지만 에코페미니즘의 관점에서는 진짜 중요해요. 한 개인이 개인을 변화시키고, 지역을 바꾸고, 가치관을 가지고 모여서 더 큰 문제들도 해결할 수 있게 되는 거죠.

SOFA: 현재 여성환경연대에는 몇 명이 활동하고 있고, 조직은 어떻게 운영되나요?

홍자경: 여성환경연대에는 상근, 반상근 합해서 13명의 활동가가 계셔요. 2020년에 부설 연구센터인 '달과나무'를 만들고 별도의 연구위원을 모집했어요. 연구위원들은 네트워크로 등록되어 같이 활동하고 있어요. 총 41분 정도 될 거예요.

SOFA: 연구위원이지만 각자 분야가 다양하고, 꼭 학계 분들만 계신 건 아니군요.

홍자경: 맞아요. 에코페미니즘 이론과 실천의 유기적인 연결을

에코페미니즘 연구센터 '달과나무' 연구위원 홍자경 X SOFA

중요하게 생각하는데요, 그래서 연구자 네트워크라는 이름을 가지고 있지만 지식 생산이 '학계에만 국한된 것은 아니다'라는 생각을 많은 연구자가 기본적으로 가지고 있어요. 그래서 현장성을 기반으로 만들어 내는 지식도 있고, 지식 활동을 하는 분들도 적극적으로 현장에 참여하고요. 여성환경연대가 연구센터를 설립해야겠다고 생각했던 여러 계기 중 하나가 그거였어요. 실천에 강한 활동가들과 이론, 연구에 강한 연구자들이 협력적으로 일할 수 있는 기반을 만드는 거죠.

SOFA: 너무 멋진 단체네요. 그럼, 활동가들과 연구자들은 어떤 방식으로 협력하고 있나요?

홍자경: 연구자들은 활동가들이 거시적으로 활동을 볼 수 있도록 도움을 주고, 활동가들은 현장의 구체적인 요구, 갈등, 경합 지점들을 알려줘요. 연구자들은 활동가들과의 교류를 통해 현실적으로 연구를 전개할 수 있고, 활동가들은 활동 비전을 점검하고 사업 기획 및 진행에 참고를 할 수 있고요. 이런 선순환이 이루어질 수 있게 구성된 거라고 보시면 될 것 같아요.

SOFA: 사실 저희(SOFA)도 '액티비스트 왕초보 탈출반'이라는 제목의 기획을 했어요. SOFA라는 단체가 자율적인 활동을 지향하기는 하지만 이제 활동가의 정체성도 필요하지 않나, 하는 문제의식들이 조금 있었어요. 그런 점에서 여성환경연대와 연구센터 달과나무의 연계 활동이 굉장히 이상적으로 보였어요. 홈페이지에서 활동 내용을 보니 반대 성명서 작성과 시위부터 교육, 부스 운영, 다양한 체험까지 하고 계시더라고요. 그래서 소속된 활동가들이 어떤 활동을 하는지 사실 궁금했어요. 어떻게 연구자들과 활동가들이 조직되는지요.

홍자경: 기본적으로 여성환경연대의 활동이 섹터별로 나뉘어져 있어요. 기후정의팀, 여성건강팀, 가치참여팀 이런 식으로요. 그래서 여성환경연대에서 기본적으로 챙기는 주축 사업들이 있는 거죠. 각 팀에서는 각자의 사업 계획을 구상해요. 예를 들어 여성건강팀은 월경, 재생산권, 환경과 관련해서 사업을 기획하고 진행하고요, 기후정의팀은 환경과 젠더의 교차점에서 할 수 있는 활동들을 찾아가요. 기후정의팀 안에서 진행되는 자원순환 사업은 플라스틱 관련해서 활동하고요. 연구센터도 강좌를 하고 책을 기획하고, 이렇게 독자적으로 각자 활동하죠. 그러다 만날 수 있는 지점이 있으면 바로 만나는 거예요. 예를 들어 보고서를 쓰고 싶고, 연구자의 자문이 필요하다고 해요. 그러면 바로 협업할 수 있죠. 또 선언문을 쓰거나 사업을 기획할 때 학술적인 용어나 현장에 대한 이해가 필요하다면 바로 협업할 수 있어요. 그래서 항상 함께할 수 있는 것들이 있어요.

SOFA: 이론과 실천이 같이 가네요.
홍자경: 맞아요. 물론 저희도 아직 5년이 안 됐고 막 해나가는 중이지만 이것저것 시행착오도 거치면서 해나가고 있어요.

   에코페미니즘 연구센터 '달과나무' 연구위원 홍자경 X SOFA

에코페미니즘은 무엇인가?

SOFA: 그렇다면 활동의 기반이 되는 에코페미니즘이 뭔지, 에코페미니즘의 핵심적인 문제의식을 간단하게 질문드리고 싶어요.

홍자경: 물론 에코페미니즘도 다양한 갈래와 이론적 역사가 있어요. 기본적으로 합의할 수 있는 건 이거예요. 발전주의적인 자본주의, 가부장제, 인종주의, 제국주의 이 모든 것이 접합하는 교차적 억압의 문제에 집중하고, 여기에 기반해서 환경 문제를 재사유하는 거예요. 그래서 교차적 억압의 문제를 해결하지 않고는 우리가 이 생태적 위기를 극복할 수 없다는 관점이 있어요. 남성중심적인 해법에서 벗어나서 여성의 관점으로 환경 문제와 앞으로 초래될 수많은 위기를 같이 해결할 수 있도록 에코페미니즘을 전환점으로 삼는 거예요.

자유주의 페미니즘의 모토는 여성도 동등한 경제적 주체, 정치적 주체가 되어야 한다는 거였어요. 여성은 남성들이 만들어놓은 지배적인 질서에 편입될 수 없던 존재들이었으니까요. 이 서구 중심의 자유주의 페미니즘이 많은 진보를 이루어냈어요. 근데 그 방식이 온전하지 않은 거죠. 또 다른 낙오자 여성들을 생산해낼 수 있잖아요. 자본주의에 성공적으로 편입되지 않은 여성들이 또다시 도태되고, 제1세계 중심의 글로벌 질서에 편입되지 않은 제3세계도 그렇죠. 자유주의적 페미니즘은 이런 자본주의와 신제국주의의 문제들을 해결하지 못하는 거예요. 그래서 파이를 나눠 먹기보다는 우리가 나눠 먹으려 했던 이 파이 자체가 건강하고 좋은 파이였는가를 질문하는 것이 에코페미니즘이 말하고자 하는 바라고 생각해 보면 좋을 것 같아요.

SOFA: 에코페미니즘이 단순히 '기후 위기를 극복하는 데에 페미니즘의 관점을 적용하자'는 문제의식이 아니군요.

홍자경: 맞아요. 제가 잘 설명할 수 있을지 모르겠지만 에코페미니즘 실천의 예시를 들어보면 그런 거죠. 아까 말했듯 남성중심적으로 구성돼 온 기성 질서가 있잖아요. 그 질서에 여성들이 동등한 참여자로 구성될 수 없었기 때문에 구축해 온 생존 전략이 있단 말이죠. 예를 들어 자본주의의 경계 바깥에서 자연을 착취하지 않으면서 생존을 영위하는 어떤 원리들을 여성들이 개발해 왔던 거죠. 이런 방법들이 자본주의의 바깥에 있기 때문에 야만적이라고 폄하되기도 했어요. 그런데 글로벌한 환경 위기가 도래한 지금, 이 시대에는 생산주의적, 발전주의적 경제를 멈추고 대안적 삶의 양식을 일구어온 존재들에게 주의를 기울여야 한다는 거예요.

SOFA: 그러니까 여성을 본질적인 무엇으로 정의하기보다는, 변방의 존재들이 개발해 왔던 생존 전략에 기반한 어떤 대안을 모색하자는 접근이네요. 가치를 새롭게 찾아내는 방향으로요.

에코페미니즘 연구센터 '달과나무' 연구위원 홍자경 X SOFA

홍자경: 맞아요. 왜냐하면 여성이라는 범주를 단일하게 규정할 수가 없잖아요. 그래서 여성이 어떤 존재인지를 정의하기보다는 여성이 구조적으로 어떻게 규정이 되어 왔고, 이 특수한 위치 안에서 개발해 온 고유한 행위성과 전략이 무엇인지를 보는 것 같아요.

SOFA: 다음 질문으로 자연스럽게 연결할 수 있을 것 같아요. 『우리는 지구를 떠나지 않는다』 서두에 등장하는 에코페미니스트 선언문의 첫 번째 항 "우리는 다정함과 우정을 북돋운다"라는 말이 흥미로웠어요. 여기서 다정함, 우정이라는 가치가 어떻게 에코페미니즘과 관계되나요?

홍자경: 이 선언문은 책을 기획하면서 새롭게 정리했는데요, 여성들이 본질적으로 다정하다고 얘기하고 싶었던 건 아니에요. 자본주의적 상품화 시대에서는 개인이 굉장히 분절되어 있잖아요. 주로 소비 주체로 규명되고, 공동체성에 대한 감각을 같이 잃어버리죠. 그래서 에코페미니스트들은 공동체성을 회복하기, 특히 초국적 연결의 시대에 지역성을 더 강조해서 지역 내에서 공동체성을 회복하는 전략을 구축하자고 이야기해요. 그래서 다정함과 우정으로 응답 능력을 되찾을 수 있다고 저는 생각을 하거든요.

생산과 발전을 위해 존재를 착취하는 것이 너무나 당연한 기존 구조가 있죠. 이제 에코페미니즘이 주장하는 새로운 질서 안에서는 우리가 어떤 연결고리 안에서 서로 생존을 영위하고 있고, 언제나 여성도 착취의 주체가 될 수 있는 거예요. 가부장적 자본주의의 질서 아래서 여성이 착취당하는 대상이었던 적이 많았지만, 생태적인 관점으로 들어오면 여성도 언제든지 자연을 착취할 수 있는 대상인 거잖아요. 그래서 우리가 이 질서를 근본적으로 해결하지 않는 한 우리는 서로를 착취하고 또 착취당하면서 살아갈 수밖에 없고, 여성도 이 구조에서 자유로울 수가 없으니 우리가 서로의 고통에 응답하자는 거죠. 착취를 면밀하게 살피고, 알아차리고, 응답하는 방법을 배우는 관점에서 다정함이랑 우정이 쓰였다고 생각해요.

SOFA: 선언문의 여덟 번째 항이 "우리는 비인간 존재가 함께 살아가는 도시를 만든다"잖아요. 비인간에 대한 응답 능력도 에코페미니즘이 굉장히 중요하게 여기는 개념인 것 같은데, 에코페미니즘은 비인간을 어떻게 정의하나요?

홍자경: 이것도 어려운 질문인데, 사실 인간이 아닌 모든 존재가 비인간이 될 수 있거든요. 생태계를 구성하는, 생명력을 가진 것들이 에코페미니즘이 상정하는 비인간에 대한 기본 전제이긴 해요.

근데 지금은 많이 확장된 것 같아요. 예를 들어 2011년 제주도 강정마을에 해군 기지가 들어오면서 주민들이 적극적으로 반대 투쟁을 벌인 사건이 있어요. 구럼비라는 그 마을의 굉장히 상징적인 돌을 발파하고 해군 기지가 지어진 거예요. 근데 이게 이 마을 사람들에게는 너무 큰

 에코페미니즘 연구센터 '달과나무' 연구위원 홍자경 X SOFA

아픔이었던 거죠. 구럼비는 돌이지만, 마을 사람들에게는 마을과 아주 긴밀하게 연결된, 정동적인 존재였던 거죠. 기지 건설을 위해 돌이 파괴될 때 마을 사람들이 실제적인 고통을 느낀 거예요. 그래서 비인간이 가진 행위력이랄지 비인간이 인간과 맺고 있는 관계성이랄지 이런 것들을 적극적으로 모색하는 시도들이 있는 것 같아요.

아까 '응답 능력'을 강조한다고 했는데, 한편으론 이게 반드시 좋은 방향으로만 흐르지 않는다는 것도 인지하고 있어요. 우리는 기본적으로 서로의 삶을 증진하는 방향을 지향하지만, 인간과 다양한 비인간의 관계가 항상 그렇지만은 않잖아요. 축산업 안에서 고통받는 축산 동물들, 그리고 최근 이슈였던 러브버그처럼요. 러브버그 방제 조례를 제정한다, 이런 논리도 사실 우리 안에 사랑할 만한 동물과 사랑받지 못할 혐오 동물들이 굉장히 구분되어 있음을 보여주죠. 인간과 비인간의 관계성은 인간과 인간의 관계성만큼이나 트러블이 많은 거죠. 그래서 도나 해러웨이라는 학자가 트러블이라는 개념을 제안했어요. 우리가 항상 행복하고 서로 사랑할 수는 없으니까 트러블은 너무 당연한 것이고, 트러블을 마주할 때 비인간에 대해서 사유하게 돼요. 이 존재는 무엇인지, 우리와 어떤 관계를 맺고 있는지, 그동안 우리가 맺어온 관계는 정당했는지 이런 것들을 고민할 수 있어요. 그래서 트러블이 일어난 그 순간에 응답할 수 있는 가능성도 생겨요.

SOFA: 이런 문제의식은 달과나무에서 발간한 『우리는 지구를 떠나지 않는다』 책에도 반영되었나요?

홍자경: 『우리는 지구를 떠나지 않는다』의 경우에는 대중서를 발간하는 게 목적이었어요. 에코페미니즘이 한국 사회에서 너무 마이너한 거예요. 페미니즘이 대중화되긴 했지만, 에코페미니즘은 단어조차 들어본 적이 없는 경우가 더 많으니까요. 그래서 좀 말랑말랑한 언어로, 내가 처해 있는 구체적인 상황에서 내 삶의 경험에 근거해서 에코페미니즘을 소개하는 그런 글을 써보자고 의도했어요. 근데 이게 또 쓰다 보면 마음대로 잘 안돼서 딱딱한 글도 있고, 저도 노력은 했는데 잘 모르겠네요.(웃음)

도시 탐조 문화 연구

SOFA: 수록하신 글 "도시에서 새의 삶과 죽음을 알아보고 응답하기"에 대해 소개해 주세요.

홍자경: 저는 도시 탐조와 관련해서 글을 썼어요. 인간과 비인간의 삶이 중첩되는 생태적 현장 중 하나를 쓰고 싶었고, 도시를 중심으로 연구하고 싶었어요. 처음에는 아파트 탐조단에 관심을 가졌는데, 그분들과 연결이 잘 안되었어요. 그래서 관련 활동하는 사람들을 찾고 여기저기 컨택하다가 도시 탐조인들로 초점이 맞춰진 거죠.

논문에서는 두 집단을 다뤘어요. 조류 유리창 충돌 모니터링을 하는 분들과 서울 중심으로 탐조 모니터링을 하는 집단이요. 신기한 게, 지역을 넘나들면서 다니는 탐조인들은 남성 비율이 높을 거거든요. 근데 지역 기반으로 활동하는 분들은 여성이 많아요. 근거가 부족해서 논문에서는 정확히 쓰지 못했는데 뭔가 있다고 생각했어요. 지역 기반의 탐조 활동에서 희귀한 새를 볼 확률은 높지 않아요. 일상적 새를 보는 활동에 가치를 부여한 사람들인 거잖아요. 거기에 여성 비율이 높다는 것이 저에게는 신기했고 좀 더 알아보고 싶었어요.

SOFA: 탐조는 어떤 활동인가요?

홍자경: 기본적으로는 취미 활동이에요. 어떤 탐조 모임이냐에 따라 성격이 굉장히 다른데 대부분 새를 보고 사진 찍으면서 즐거워하는 분위기예요. 근데 제 연구 참여자 단체는 새 모니터링을 했어요. 숫자를 세고 데이터를 만드는 그런 작업을 매일매일 묵묵히 하면서, 이것이 의미를 가지게 될 때까지 해보고 싶다는 그런 마음을 가지고 계신 분들이었어요. 예를 들어 한강에 오는 수만 마리 새의 데이터를 만들어요. 보통 한강은 개발의 공간, 인간 중심적인 여가, 유흥의 공간으로 우리는 생각하죠. 그분들이 만드는 데이터는 한강이 어떻게 철새들에게 중요한 공간이 되는지, 우리는 어떻게 한강을 바라볼 수 있는지 고민할 수 있는 근거가 될 수 있어요. 저도 이분들을 몇 개월씩 쫓아다녔어요. 탐조 모임원에는 중년 여성들이 많고 몇 명의 중년 남성들이 있는데, 페미니즘의 언어를 의식하지 않는 분들이었지만 그분들의 활동이 에코페미니즘과 접합하는

부분이 있다고 생각했어요. 이분들 이야기는 『우리는 지구를 떠나지 않는다』에 수록하지 못했어요. 진짜 짧게 써야 했거든요.

그래서 책에는 조류 유리창 충돌 모니터링 활동을 담았어요. 국내에서 이 활동을 열심히 하는 모임이 두 곳 있는데, 하나는 이화여대 '윈도우스트라이크'팀이고 다른 하나는 광주의 동물권 모임 '성난비건'에서 시작된 모니터링 팀이에요. 그래서 후자는 페미니즘의 언어를 다 갖춘 분들이었고, 전자는 꼭 그렇지는 않았어요.

SOFA: 조류 충돌의 문제가 도시 건축에서 더 공유되어야 한다는 생각이 들어요.

홍자경: 제가 연구하면서 인터뷰하신 분이 유리 건물의 문제점에 대해 여러 가지 설명을 해주셨어요. 유리 건물은 조경과 함께 가는 경향이 있잖아요. 친환경 건축과 조경을 지향하면서 보통 멋있는 유리 건물 위나 옆에 아름다운 정원을 조성하죠. 근데 정확하게 딱 그 두 개의 조합 때문에 새들이 죽거든요. 식생이 새들을 유인하고, 유리에 부딪히는 거예요. 그리고 아파트 방음벽 주변에도 식생을 아름답게 구성하잖아요. 그러니까 새들이 그냥 박는 거예요. 저는 건축을 잘 모르지만, 건축에서 그런 구체적인 문제들을 발견하게 된다면 구체적인 건축의 언어로 표현될 수도 있다고 생각해요.

 에코페미니즘 연구센터 '달과나무' 연구위원 홍자경 X SOFA

SOFA: 활동가들 사이에 비인간과 인간의 공존에 대한 문제의식이 공유되고 있는지 궁금해요. 조류 충돌을 방지하기 위한 '5X10' 격자 디자인이 법제화되기까지 많은 사람의 공감이 필요했을 것 같아요.

홍자경: 맞아요. 5X10 이라는 규칙은 조류학자 및 생태학자들이 연구했고, 이를 구체적인 디자인으로 고안하면서 건축계와 협업하는 방식인 것 같아요. 그리고 지금은 공공 건축물을 중심으로 법안이 만들어진 상황이에요. 이 문제를 국립생태원에서 주체적으로 공론화한 분이 계시기도 해요. 국립생태원의 김영준 실장님이었는데, 어느 날 생태원 건물이 반사유리로 가득 차 있다는 걸 인식하고, 이로 인해 새들의 죽음이 발생하고 있다는 걸 알게 되신 거예요. 생태원이지만, 이 문제를 경험적으로 알게 된 거죠. 그러면서 여기에서 가이드라인과 교육 프로그램이 만들어지고, '네이처링'이라는 시민과학 플랫폼을 통해 활성화됐어요. 시민들이 자발적으로 지역을 기반으로 모니터링한 결과들을 플랫폼에 남기는 거예요. 정말 자유롭게요. 오늘 길 가다가 발견한 참새를 기록하고 싶다, 그러면 그냥 참새 사진을 찍어서 맵에 기록하는 거예요. 그런데 이 플랫폼이 실제로 다양한 모니터링 활동에 잘 쓰이게 됐어요. 조류 충돌 모니터링은 결국 과학자들이 책상에 앉아서 연구한다고 되는 게 아니고, 각 지역의 사람들이 성실하게 이 데이터를 기록해 주는 게 너무 중요한 행위거든요.

SOFA: 한편으로는 의문도 들어요. 그러한 활동들도 결국 인간을 중심으로 사고하면서 종에 따른 선호 현상이라던가, 그런 한계가 있지 않을까 하고요.

홍자경: 트러블도 굉장히 많아요. 그 안에서의 윤리적 논쟁이 또 있어요. 이를테면 길고양이와 새의 관계가 또 첨예하게 대립하거든요. 캣맘들과 탐조하는 사람들 사이에 갈등이 있어요. 저도 이 문제가 앞으로 어떻게 진행될지 궁금한데요, 모두가 돌봄의 마음에서 시작한 활동이지만 어떤 사람들은 새의 생태계를 지키기 위해서 길고양이 규제가 필요하다고 보고 반대의 경우는 또 그렇지 않은 거예요. 각각이 나름의 어떤 응답을 하는 과정에서 나타나는 마찰인 거죠. 그래서 비인간과의 관계성을 고민한다면 각각의 존재를 정말 잘 아는 것이 굉장히 중요한 것 같아요. 물론 돌보고자 하는 정동 자체는 중요한 자원이 될 수 있지만, 존재에 대한 정확한 이해도 수반되어야 하는 거죠. 그 과정에서 새로운 아이디어가 나올 수도 있다고 생각해요.

그리고 종차별주의에 관한 언어들도 에코페미니즘 안에서 많이 생겨났죠. 종에 기반해 우열을 가리거나 마땅히 학살되어도 되는 종으로 규정하는 등의 행위는 사실 인간 내에서 발생했던 다양한 착취의 위계를 재생산하는 것이라는 이야기를 하는데요. 종간 정의와 관련해서 신간 하나를 추천합니다. 달과나무에서 최근 출간한 『비판적 에코 페미니즘』이라는 책이고, 그레타 가드(Greta Gaard)라는 학자의 책을 번역했어요. 여기에서 강조하

듯, 에코페미니즘은 항상 맥락을 강조합니다. 종을 사유
할 때 으리가 만들었던 위계를 비판하고, 새로운 관계를
고민하되 사회문화적, 역사적, 지역적 맥락을 따라야 한
다는 것을 항상 강조해요.

SOFA: 글에서 '공거'라는 단어가 생경하게 다가왔어요. '공존'은
많이 접했는데, 단어 '공거'에는 인간과 비인간이 정말 같
이 살아간다는 의기가 내포된 것 같아서 좋았어요. 자주 쓰
이는 단어인가요?

홍자경: 이해하신 의도가 갖구요, 논문 작성할 때 김현미 교수님이
제안해주신 개념입니다. 네 '연구는 도시와 공간에 대한 것
이 되어야겠다'는 제안에 동의가 됐고 그래서 '공거'라는
말을 써야겠다고 저도 생각하게 됐어요. 노리나 허츠라는
경제학자가 '적대적 건축물'이라는 개념을 제시하는데요.
어떤 특정 존재들, 예를 들면 홈리스들이 눕지 못하게 디자
인된 벤치 같은 거예요. 건축물의 디자인에서 배제되는 존
재들이 드러나는 거죠. 그래서 저는 도시가 디자인된 방식
이 비인간 존재들의 삶의 양식을 고려하지 않는다는 문제
의식이 있었어요. 근데 노리나 허츠의 개념과는 차이가 있
는 게 적대적 건축물에는 특정한 누군가를 배제하려는 의
도성이 전제되어 있잖아요. 근데 제 연구에서 등장하는 비
인간 존재들은 같은 공간을 공유하고 있는 대상으로 인식
조차 되지 않았다는 점에서, '어떻게 배제되고 있는가'의
문제에 있어 맥락의 차이가 있습니다.

나가며

SOFA: 앞으로는 어떤 작업을 하고 싶으신가요?

홍자경: NGO에서의 경험들을 통해 현실적인 문제들에 관심이 더 생겼어요. 일하면서 정책적인 언어가 어쩔 수 없이 필요하다는 것을 많이 실감하게 됐어요. 그래서 전공을 바꿔서 농업자원경제학으로 향하게 됐어요. 관심이 크게 변화한 것은 아니고 방법론이 조금 변화한 거죠.

농업경제학은 전통적인 경제학의 관점으로는 설명할 수 없는 농업의 특성을 강조합니다. 일례로 농업은 공공재적 성격을 가지는 데, 아무리 상품화되어도 식량은 생존에 필수적인 재화잖아요. 그리고 기후의 영향을 가장 직접적으로 받는 산업이라는 점에서 불확실성이 크고요. 그래서 제조업을 설명하는 방식으로는 농업이 설명되지 않는다는 것을 기본적으로 깔고 가더라고요.

요새는 지역을 장기적으로 회복하는 관점의 개발, 그리고 효과성 평가에 관심이 있어요. 기업을 더 많이 유치하고, 발전소를 세우는 방식의 지역 개발 말고 그 지역의 환경과 사람들과 산업을 살리는 방법으로 어떻게 지역을 살릴 수 있을지를 많이 고민하고 있어요.

효과성 평가는 최근 배우기 시작한 건데요. 사업이 실제로 이루어졌을 시점에 파급효과를 측정하는 방법론으로,

목표한 것 바깥까지의 영향을 평가해요. 이걸 잘 배워서 NGO 사업이나 국가 ODA 사업, 혹은 다양한 사회복지 정책에 도움을 줄 수 있으면 좋겠다고 생각해요. 사회적 형평성을 증진하기 위한 사업과 정책에 자원을 투자하는 것이 필요하다는 근거 자료를 마련하는 게 중요하다는 생각을 하게 되었거든요.

들추고 끄집어내기 ──

이제 피해를 입은 여성이 왜 폭로하지 못했는지, 혹은 가해자와 가해자를 저자로 한 작업을 어떻게 판단할 것인지에 논의를 한정하면 안 된다고 본다. 어떤 구조가 젠더 기반 폭력을 가하는 건축가와 그 행위를 묵인하는 건축계를 만드는 지까지를 입체적으로 짚어볼 필요가 있다.

마이어는 피해자의 직장 상사일 뿐 아니라 건축계의 선생, 널리 인정받은 작가, 국제적 유명인이었다. 그만큼의 영향력을 끼칠 수 있는 자가 쥔 권력은 얼마나 크며, 그런 가해자에게 문제를 제기하려면 무엇을 감수해야 할까? 마이어를 고발한 여성들이 얼마나 큰 용기를 냈는지, 나아가 침묵하는 자들이 얼마나 큰 용기를 내야 하는지 감히 말하자면, 피해자의 입장에서는 가해자가 가진 권력이 무언의 압박 이상일 것이다. 성범죄로 인한 피해에 더해 고발 시 전문직으로서 받은 훈련, 그간 쌓은 경력과 미래의 경력, 건축계에서의 인간관계 등을 감수해야 한다. 건축계 특유의 문화도 무시할 수 없다. 학부부터 권장되는 밤샘 문화는 노동권 침해를 인내하게 한다. 학계, 매체, 업계가 서로 연결되어 있다는 점도 문제 제기를 어렵게 만든다. 그 결과가 '알면서 쉬쉬하는'것이고 이런 맥락에서 한국 건축계에서 성범죄 피해 사실을 공적으로 밝히는 여성이 없었다는 점이 한국 건축계가 완전무결하다는 증거도 아니다.

그러니 권력적 불균형에 기반한 성범죄를 건축가 개인의 문제로 치부해서는 결코 안 된다. 현대 건축이 내면화한 남성중심주의적인 관점을 근본적으로 비판해야 해결의 실마리를 찾을 수 있다. 이는 윤리적인 문제 제기이면서 건축을 지적으로 재구성하는 작업일 것이다. SOFA는 상기한 내용을 바탕으로 내부 토론을 진행할 예정이다.

여성 건축인모임 SOFA

우리가 방관하지 않고 저항할 수 있으려면:
《끝없는 눈치싸움, 안전하지 못한 건축계 돌아보기》
토론회 후기

SOFA

피해자는 사라진다. 업계를 개선하고자 하는 사람들은 뒤에서 속삭일 뿐 연대하고 저항하지 못한다. 「SPACE」로부터 리포트 기사, "성범죄를 저지른 건축가의 작품은 어떻게 받아들여야 할까?"에 대한 코멘트를 요청받았을 때 기획단이 머뭇거렸던 이유도 비슷한 맥락이었다. 먼저 기획단은 이 집단의 입장이 여성 건축가 전체의 의견처럼 보일지 걱정했다. 성평등에 대해 발화하는 사람이 수적으로 적기 때문에 우리의 의견이 과잉으로 대표될 수도 있겠다고 생각했다. 특히 할애된 지면이 좁기에 오해를 살까 봐 매우 염려스러웠다. 슬픈 일이다. 건축계에 백 개의 빛깔을 가진 페미니즘들이 있고, SOFA가 그 목소리 중 하나였다면 머뭇거리지 않았을 테다. 그러나 한국 건축계에 성평등을 추구하는 중장기적인 움직임은 여전히 조직화되지 못하고 있다.[1]

---

1) 어떤 사람들은 건축계 내 성범죄를 중요하지 않은 사건으로 격하시키려고 한다. vmSPACE에 본 기사가 업로드되었을 때 달린 댓글 중 하나의 내용도 이 기사가 제기한 문제는 논의 거리조차 될 수 없다는 당당한 주장이었다.

기사의 주제에 대한 아쉬움 또한 있었다. 계속해서 침묵하던 한국 건축 담론계가 드디어 소식을 전했기에 이 기사의 중요성은 낮잡아 볼 수 없다. 요청을 받았을 때 드디어 변화가 생기는 것 같아 기뻤다. 그러나 마이어의 행위를 종합적으로 살펴보기보다는 마이어와 마이어가 설계한 건물의 판단에 집중하는 것은 사후적이며 소극적인 접근 같았다. 2018년 3월 「뉴욕 타임스」의 보도를 보면, 마이어가 여성을 대상으로 취한 부적절한 행동은 사내에 알려져 있었다. 이 기사의 다섯 고발자 중 네 명은 건축사무소의 직원이었고, 다른 한 명도 마이어의 사무소가 게티 센터를 설계할 때 만났다.[2] 그렇다면 생산된 건축을 어떻게 판단할지 질문하는 것보다는 어떻게 마이어가 사내에서 권력을 휘두를 수 있었으며, 건축계에서 그에게는 어떤 방식으로 권력을 부여했는지를 묻는 방향이 사건의 판단 및 문제 해결을 위해 더 생산적인 방향으로 보였다. 회사 내에서 마이어의 성적 부적절한 행위가 이미 알려져 있었다면 왜 그 긴 기간 동안 공공연한 사내 비밀처럼 남을 수 있었을까? 상당한 수의 방관자가 있었다는 것까지 문제 제기에 포함할 때 상황의 이해와 개선점의 도출에 도움이 될 것 같았다. 또한 성폭력이 발생하는 장소인 설계사무소 내부와 그 사무소의 작업에 가치가 부여되는 장소, 지면이나 뮤지엄이 항시 유리되어 있다는 것은 두 번 말 할 필요도 없다.

그러나 이 기사가 지향하는 바는 우리의 문제의식과 공명하고 있기에, 어쩌면 '우리가 아니면 누가…'라는 책임감으로 요청받은

2) "5 Women Accuse the Architect Richard Meier of Sexual Harassment", *New York Times*, 2018.05.13.

 우리가 방관하지 않고 저항할 수 있으려면

원고를 작성했다. 먼저 공론장을 만들고 그로부터 글을 쓰는 게 절차상 옳지만, 시간의 한계로 기획단 내에서 회의한 뒤 논고를 작성하고, 이후에는 회원들로부터 문제의식을 점검받으며 내용을 정리해 「SPACE」에 답신을 내보냈다. 「SPACE」에서 묻지 않은 것(어쩌면 잡지의 성격상 묻지 못한 것)을 묻고자 했다.

답신을 내보낸 뒤 토론을 기획했다.[3] 사실 윤리적으로 면밀하되 조심스럽게 다루어야 하는 토론을 기획하기에는 기획단의 역량이 부족해 실언할까 걱정만 태산이었다. 「SPACE」에 기고하고 이 토론을 출간하는 것으로 이상한 사람에게 찍혀 비자발적 탈건을 하게 될 수도 있겠다 싶어 지금도 불안하다.[4] 역량의 부족함을 느끼고 활동가를 초대해 모더레이터 역할을 부탁해 볼까 싶어 성범죄 피해 여성을 지원한 이력이 있는 지인에게 연락까지 넣었으나 취소했다. 그에게 건축계 특유의 문화를 설명하는 것이 유독 어렵게 느껴졌다. 그래서 기획단은 수 번의 기획 회의를 진행했다. 해외를

---

3) 토론 기획에는 『피해와 가해의 페미니즘』을 참조했다. 이 책은 미투 다음을 상상하는 데에 도움을 주었다. "'피해자 편'을 들고 가해자를 처벌하는 것은 페미니즘의 목표도, 전망도 아니다. 그것은 단지, 법치주의 국가의 상식일 뿐이다. 이걸 위해서 피해자가 인생을 걸어야 하는 사회라면, 희망이 없다. 페미니즘은 가해자를 처벌하고 피해자를 보호하자는 사상이 아니다. 페미니즘은 그 이상이다. 페미니즘의 관심사는 피해와 가해라는 위치가 주어지는 방식 자체에 있다." 권김현영 엮음, 『피해와 가해의 페미니즘』, 교양인, 2018.

4) 이러한 불안에 불을 지피는 사건은 지속적으로 발생 중이다. 예컨대 작년 11월, 편의점에서 아르바이트 중인 여성이 무차별적으로 폭행당했다. 가해자는 "나는 남성우월주의인데 페미니스트는 좀 맞아야 한다"고 증언했다. "'페미니스트는 맞아야'…편의점 알바와 말리던 손님 무차별 폭행한 20대", 「경향신문」, 2023. 11. 15.
공포는 지리적 위치와 상관없이 발생된다. 통신매체로 언제 어디서나 연결될 수 있다는 점에서, 그리고 통신매체 없이 노동, 취미, 일상대화 모두가 불가능하다는 점에서 집요한 악의를 가진 자가 한 사람의 일상사를 망치기는 너무나 쉬워졌다.

사례로 생산적인 토론은 할 수 없을 것 같았기에 한국 건축계의 상황을 돌아보자는 것이 중간의 결론이었고, 토론에 적합한 큰 의제를 찾기가 어렵다는 게 최종 결론이었다. 건축인들은 너무 좁은 건축계에서 서로 눈치만 보고 있는 것 같았고, 회의를 해보았지만 문제 해결은 고사하고 문제가 무엇인지도 잘 잡히지 않았다. 어느 순간에는 이 업계는 자정 능력을 잃은 것 같기도 했다. 그렇기에 적어도 이야기를 나눈다면 '눈치'라는 감각이자 사고를 파악할 수 있겠다고 생각했다.

토론은 2024년 5월 19일 사직동의 SALT에서 진행했다. 다음은 토론 녹취록이다. 길이를 줄이고, 비속어는 순화했으나 논리적으로 합리적인 결과를 도출하는 목표의 토론이 아니었기에 비합리적이고 날 선 부분도 있다. 하지만 뾰족한 수가 없어 보이는 상황에서 솔직함은 최선의 방법론일 것이다. 약자들은 항시 침묵 당했다. 성을 매개로 한, 다양한 층위의 가해적 행위들은 건축계를 구성하는 당사자들의 인격적 존엄을 직접적으로 손상함에도 한 번도 중요한 주제로 취급되지 않았다. 이제는 바꾸어야 한다. 검증할 수 없다는 이유로 터져 나온 대화를 덮어둔다면 이후의 연대를 쌓아갈 근거를 하나 잃는 셈이기도 하다.

　　　　　우리가 방관하지 않고 저항할 수 있으려면

《끝없는 눈치싸움, 안전하지 못한 건축계 돌아보기》 토론회

건축계는 정말 미투가 없을까?

라탄소파: 오늘 와 주셔서 감사해요. 이 자리를 준비하기 위해서 기획단은 얘기를 길게 했었는데요, 우리가 왜 눈치만 보고 있는지 여기를 하는 게 어떨까 하는 생각이 들었어요. 어느 순간이 되니까 "건축계에 미투가 없다"는 말이 "당사자가 얘기해야만 해결된다"는 말처럼 들렸어요. 근데 많은 사람이 자기가 피해당사자나 목격자는 아닐지라도 들은 건 있을 텐데 눈치 본다고 다 같이 문제를 해결하러 못 나서는 상황인 거잖아요. 그래서 차라리 '눈치 본다', '건축계 너무 좁다'의 실체가 뭔지 얘기를 하자고 토론을 기획했어요. 둘 다 쉽게 쓰는 말인데 실상을 잘 모르겠는 거죠. 사실 정말 미투가 없는 건지, 아니면 있었지만 묻힌 건지도 모르겠고요.

빈백소파: 토론에 오면서 떠올린 건데, 한 분이 설계사무소 다니면서 자신이 부당하다고 느꼈던 것들을 되게 짧은 책으로 독립 출판한 게 있어요. 회사 상사에게 성적으로 부적절한 말을 안 했으면 좋겠다고 말했는데 잘 해결되지 않았다는 내용이었어요. 근데 책이 나온 게 몇 년 전 일인데, 100권만 뽑아서 그런가 많이 알려지지 않고 사라진 것 같아요.

모듈소파: 저는 그런 책이 있는 줄도 몰랐어요. 있는 줄도 몰랐다는 게 참….

빈백소파: 저도 어떻게 알게 되어서 지지를 해줘야겠다는 마음으로 책을 샀어요.

모듈소파: 그 경험이 이 책으로 나왔다는 건 당시 조직에서 들어주는 사람이 없었고 해결이 안 됐다는 거잖아요. 말해도 공감해 주는 사람이 그렇게나 없으니 너무 힘들었을 것 같아요. 여기 사람들 중 책의 존재를 아무도 몰랐다는 것도 충격이에요.

라탄소파: 그러니까요. 조직 안에서 부적절한 행동을 한 사람이 있었던 것도 문제지만 회사에서 대응을 안 했다는 게….

민트소파: 사실 문제 제기된 상황만큼이나 이후 문제 대처 방식이 그 집단이 어떤 걸 중요하게 생각하는지를 보여주니까요.

빈백소파: 건축사무소는 조직이 너무 소규모여서…. 대형 사무소도 당연히 있지만 설계사무소는 작은 회사가 훨씬 더 많잖아요. 10명 이하의 사무실에서 사건이 생기면 해결이 어렵지 않을까요? 선배 여성들이 없는 것도 문제가 되는 것 같아요. 아무래도 말을 꺼내기가…. 보통은 소장님 밑에 실장님들까지 거의 다 남성이죠. 이게 또 여성들이 말하기 어려운 분위기를 만들지 않나 생각해요.

우리가 방관하지 않고 저항할 수 있으려면

라탄소파: 그리고 성범죄 문제가 제기됐을 때 사실이건 아니건 문제를 제기한 사람과 문제 제기 대상인 사람을 무조건 분리하는 게 1번인데 규모가 작은 건축사무소에서 그걸 할까 싶어요.

빈백소파: 저희도 맨날 성범죄 발생 시 해결 방안의 원칙을 보면서 말이 안 된다고 했어요. "누구한테 말해? 여기 다 같이 한 층 쓰는데 어떻게 분리해?" 하면서요. 그러니까 소규모 조직에서는 말이 안 되는 거죠.

라탄소파: 사실 하려면 할 수 있겠죠. 가해자로 지목된 사람을 재택근무 시켜버릴 수도 있고요, 잠깐 쉬게 해도 돼요. 조사가 마무리될 때까지요. 그런데 안 중요한 일이라고 생각하면 그냥 넘어가게 되겠죠.

남성과 명예 남성 중심의 업계

라탄소파: 오늘 토론에 못 오신 회원분이 이런 조언을 해주셨어요. "수직적이고 폐쇄적인 건축계는 '남성의 분야'였고, 점점 여성 건축인의 수가 늘어감에도 과거의 인식에 머물러 성인지 감수성적인 부분에서 매우 취약"하다고요. 그러니 "권력형 성범죄를 크게 문제로 인식하지 않으면서 자기 일이 아니라고 생각하고 업적, 권력에 비해 (사사로운 여성) 인권이라는 생각으로 사건을 축소하고자 한다"는 비판이었어요. 가해자는 보통 권력을 가진

남성이고, 피해자는 90% 이상 여성인데, 업계의 대부분인 남성들이 자신이랑은 상관없는 일 취급하고 피해자의 입장에서 생각하지 못하니까 결국 성범죄는 사사로운 일로 취급된다는 지적[5]인데 맞는 말이죠.

빈백소파: 지난번에도 잠깐 얘기했었는데, 이 건축계라는 게 암묵적으로 약간 남자다워야지 이 세계에서 살아남을 수 있다는 그런 분위기가 있었던 것 같아요. 소위 '여우짓' 하고, '선배님들 도와주세요' 막 그러는 아이가 되기는 싫은 분위기가 있었어요. 그래서 어떤 말이나 행동을 보더라도 '내가 성희롱을 당하고 있나?' 인지하지 못하는 부분도 있지 않을까 하는 생각이 들었어요.

모듈소파: 그런 분위기가 부당하다고 생각하는 사람들이 다 탈건을 해버리니까 저희(남은 사람들)는 뭐가 잘못되었는지 모르고 그냥 계속하죠. 그리고 계속 그 상황을 견딜 수 있는 성격인 사람들, 남성화된 여성들과 남성들만 남아서 '뭐가 문제인데?' 이렇게 되는 것도 있지 않을까 했어요. (업계가) 부당하다고 생각하는 사람들은 진작 발도 안 담그거나 빨리 떠나니까 자정이 안 되는 것도 있지 않을까 해요.

---

5) 성폭력은 권력의 문제라는 것을 페미니스트들은 반복해서 말해 왔다. 그러나 앞서 언급했듯 이 토론은 전문가 토론이 아니므로 구도를 단순화해서 논의를 진행했다.

라탄소파: 건축계가 남성적이라는 것을 사실 여성들을 보면서도 많이 느꼈어요. 명예 남성 같은 발언을 꽤 들었어요. 한번은 학교에서 제 (여자인) 친구가 머리를 잘랐는데 그걸 칭찬하는 (여성) 교수님이 계셨어요. 머리 치렁치렁하게 하지 말라고 하고, 귀걸이도 하지 말라는 거예요. 주변에서 얕잡아 본다면서요. 젊은 여성이라면 가리지 않고 비슷한 말을 하시더라고요. 후배들이 걱정돼서 그런 건 아는데, 이게 뭔가 싶은 거죠.

모듈소파: 권력을 가진 사람들이 권위적이고 보수적으로 변하곤 하죠. 권력은 여성에게 잘 주어지지 않고, 더 큰 권력을 가지고 싶어 하는 남자들도 있고요. 그래서 (보통 남자인) 영향력 있는 사람 중에 성평등 이슈에 관심 없는 사람들이 많은 것 같아요. (권력을 가진) 그런 분들이 한마디라도 하면 파장이 있을 텐데 페미니즘이나 여성 인권에 대해 얘기하는 건축계 권위자를 사실 저는 본 적이 없거든요. 관심 있는 주제가 아니고, 그런 거를 얘기하지 않아도 되는 위치에 있죠.

빈백소파: (권력자들은) 문제를 끄집어내 봐야 자기에게는 좋을 게 아무것도 없다고 생각하고, 자신에게는 필요가 없으니까 그런 걸까요? 반면 어린 여성들, 20~30대, 40대까지 포함될지도 모르겠는데, 여성들이 계속 자리를 잡지 못하고 나가게 되죠. 부당한 걸 당했을 때 말할 데가 일단 너무 없어요. 어디 가서 얘기하면 "네가

잘못했겠지"라는 말을 들을 것 같고. 그런 분위기 같아요. 성인지감수성 교육을 받아도 듣고 흘리는 사람이 대부분이지 싶어요.

라탄소파: 툭 까놓고 말해 저는 지적받은 사람이 없어서 더 의도적으로 무지하다고 생각해요. 자신이 성평등 의식이 없더라도, 적어도 내가 성평등 의식 없으면 망하겠구나, 직원도 못 뽑겠구나, 아니면 저런 (성차별적인) 놈이랑 계속 어울리면은 내가 같이 망하겠구나 경각심이 들어야 멀어질 건데. 문제시된 적이 없으니까 멀어질 필요가 없는 거죠.

우리는 언제부터 이렇게 눈치만 보게 되었을까?

모듈소파: 근데 학교 다닐 때는 확실히 (여학생들이) 눈치를 보지는 않았던 것 같아요. 성비가 반반이었는데 남자 선배들이 이상한 짓 하면 여자 선배들이랑 같이 학생회에 가서 싸우고 그랬거든요. 군대 갔다 온 남자 학생 회장이 마음에 안 들어서 여자 선배들이 너 뭐 하는 짓이냐고 대자보 붙이고 그랬어요. 학교 다닐 때는 분위기가 달랐어요.

라탄소파: 저는 연극 동아리를 했었는데 거긴 진짜 개판이었어요. 그에 비하면 건축과는 괜찮은 편이었어요. 그러니까 애들이 이상한 말은 하긴 했는데 완전 개판은 아니

었어요. 근데 사회에 나가면 많이 달라지는 것 같아요. 건축계에서 여자로서 안전하게 일할 수 있나? 잘 모르겠어요. 「SOFA」 3권에 "홀수 연차 인터뷰"에서 얘기를 해주신 게 있어요. 이 담화록을 보면 여성을 동등한 건축가로 안 보는 것 같아요. 회사에서 직원 중 하나가 아니라 '젊은 여자' 취급당한다면서요. 일례로 일장춘몽님은 '잠재적 연애 대상으로' 취급당한 경험을 말씀해 주셨어요. 상사가 '다른 사람들 몰래 술 마시자'고 해서 회사를 나왔다고요. 그분은 전혀 관심도 없었고 동의하지 않았는데도요.

모듈소파: 일명 '고백 공격'이라고 하죠. 사실은 구애를 핑계로 한 압박주기 아닌가요? 젊은 여직원이 중년의 부장이나 차장에게 '고백 공격' 당해서 부서 사람들 다 알게 되고 퇴사하는 일 저도 들어 봤어요. 주변에서 다 말려도 막 중년이 20대한테 그냥 들이대고요. 알 만한 설계 사무소에서도 그런 일이 있다고 들어서 충격이었어요.

라탄소파: 그런 상황에서는 (고백받은) 여자가 나가는 게 아니라 들이댄 남자가 나가는게 맞지 않나요? 조직에서 저건 인간도 아니라고 하고 그 사람을 쳐내야 하는데⋯. 여자의 의견은 중요하지 않은 걸까요. 위계로 압박을 주기 쉽고 동의 여부를 알기 힘드니까 해외에는 회사 내규로 상사와 부하직원 간 연애를 금지하는 회사들이 있다고 알고 있어요.

모듈소파: 국내 건축사무소에선 이런 일이 발생하면 여자 직원이
퇴사하는 것 같아요. 어차피 퇴사할 회사라도 그런 식
으로는 퇴사하기 싫지 않나요? 그리고 몇십 살씩 나이
차이 나는 남자가 동의 없이 들이대는 그것 자체가 이
상하잖아요.

빈백소파: 회사는 그렇게 하고 싶지 않은 거죠. 연차 낮은 여직원
이 나가는 게 낫다고 볼 걸요?

모듈소파: 이해해요. 근데 제가 들은 사건은 소문도 크게 안 돌았
고, (가해자가) 정확히 누군지 모르니까 되게 씁쓸했어
요. 피해당사자는 말하면 다들 자기 커리어가 끊기니까
그냥 참고 가는 게 더 낫다고 생각하죠. 건축사무소에
서 이런 사건이 일어나도 자정이 안 되어 왔으니까요.

라탄소파: 중간에 그만두면 데미지가 너무 크니까 이상한 사건이
생겨도 더 참는 것 같아요. 건축가는 사실 전문직이잖
아요. 개소하기까지 대학교만 5년 다니고, 최소 3년은
해야 실무 수련 자격증 시험을 볼 수 있죠.

모듈소파: 맞아요. 그러니 다들 커리어가 끊길 수 있는 상황을 만
들기보다는 그냥 참고 가죠. 그리고 왜 말을 못 하는지
더 생각해 보면, 제 경험상 대형 사무소는 잘 모르겠
는데 소형 사무소는 왜 그런지 이해가 가요. 제가 작은
회사에 다니는데 이런 회사에서는 관계가 너무 긴밀해

 우리가 방관하지 않고 저항할 수 있으려면

져요. 업무 시간도 길고, 현장에서는 해결해야 할 문제
들이 계속 생기니까 일하려면 동료들이랑 관계가 되게
중요해요. 그리고 업무량이나 배워야 할 게 많은 직업
특성상 도제식으로 상사한테 배우고요. 그러니까 저는
회사 사람들이랑 가까워질 수밖에 없었어요.

근데 또 웃긴 게 이 관계가 끊기질 않아요. 만약에 이
직을 하잖아요, 그러면 지원서를 넣은 회사의 소장님
이 이력서 경력란을 보고 이력서에 적힌 회사 소장에
게 전화를 돌려요. 판이 좁다 보니 다 그렇게 연결이
되거든요. 많은 건축사무소가 소규모다 보니 직원 한
명 한명의 리스크가 크니깐, 공채를 안 하려고 하는 건
이해해요. 그렇지만 좀… 그렇죠.

라탄소파: 이직 시 전화 돌리고 신상 확인하는 거는 일명 '좁은 업
계'의 공통 사항일 거예요. 근데 건축계는 유독 학부생
부터 길들여지기가 시작하는 것 같아요. 안 끊기는 관
계가 스무 살 되자마자 시작되는 거예요. 수업하러 건
축가들이 오면, 수업하면서 말 잘 듣는 학생을 직원으
로 뽑잖아요? 거기서부터 관계가 시작되어 학교, 회사
로 끊임없이 쭉 이어지기도 하죠.

모듈소파: 그래서 뭔가 참아내는 힘? 그걸 학교 때부터 계속 훈련
을 받는 것 같아요. 학교 때부터 참아낼 수 있는 능력을
알게 모르게 훈련받는다고 생각해요. 그래서 그 능력

자체가 엄청 높은 것 같아요. 한번은 밤새워서 무조건 아웃풋을 많이 내는 거를 중요시하는 교수님이 오셨는데, 다들 너무 힘들어했어요. 기준에 안 맞는 학생은 애들 앞에서 대놓고 수치를 줬어요. 이런 정신적 학대를 다 같이 받았는데 이걸 우리가 어디까지 감당해야 하는지도 몰랐고 그래서 힘들어했어요. 근데 그 누구한테도 말을 못 했어요. 심지어 이거를 부당하다고 느끼는 친구들도 많이 없었어요. 저는 '이건 좀 아닌 것 같은데?'라는 생각이 들었지만, 많이들 '그냥 그 사람이 특이한 거겠지'하고 넘어갔어요. 그래서 회식 자리에서 아쉬웠던 점 말해보라길래 제가 둘러서 말했지만 잘 못 알아들으신 것 같아요.

모듈소파: 그걸 알아들을 그럴 사람이 아니었던 거죠. 알아들을 분이었으면 그렇게 (강압적으로) 안 했겠죠.

라탄소파: 저희 학교에도 완전 폭력적인 (남자) 교수가 한 분 있는데요, 실무 건축가로 활발히 활동해요. 수업 때 학생들에게 소리 지르고 짜증 내고 모형 부수고 그래요. 그렇게 감정적이니 아무도 수업 들으러 안 갈 것 같죠? 다 알면서도 애들이 (수업 들으러) 가요. 졸업하고 잘 밀어준다고요. 사실은 애초에 그런 식으로 밀어주면 안 되는 건데…. 그 교수 스튜디오 들었던 애들한테 물어보면 처음에만 무섭다고 하지 나중에는 괜찮다고 그래요. 저는 그 스튜디오 옆옆 설계실을 썼었는데 소리 지르는

거 다 들려서 미치는 줄 알았어요. 그런데 제가 본 바로
는 한 번도, 그 누구도 개입한 적 없어요.

포근소파: 뭔가 학대에 되게 무뎌해지네요.

모듈소파: 못 참는 사람들이 이상한 게 아닌데, 그 사람들이 (건
축계에 오면) 이상한 사람이 돼요. 버티는 애들만 잘
졸업하고 일하고요. 제가 실무 하면서도 느끼는 건데
실무도 그렇게 스무드하거나 그러지 않거든요. 엄청나
게 싸우고 시공사랑 서로 압박해요. 근데 그걸 견디는
사람들만 남는 거예요.

왜 저항하지 못할까?

라탄소파: 정말 이상하네요. 덮어두면 더 망하는 길밖에 없는데
뭔가 문제 제기하는 사람이 이상해져요. 「SPACE」 코
멘트 쓰면서 사실 너무 힘들었어요. 스트레스 정말 많
이 받았고 무서웠어요. 저희가 이 토론을 하는 것도
뭔가 개선되길 원해서잖아요. 그리고 성차별하고, 소
수자 차별하고 그런 게 건축의 의무가 아니잖아요. 지
금 건축계에 문제가 있고, 그걸 개선해야 한다고 주장
하고 있는데 왜 저희가 겁나고 쫄릴까요? 더 응원받고
당당해져야 하는 게 아닌가? 그래서 하는 말인데, 제
가 당사자도 아니면서 이런 말 좀 그렇긴 한데, 자신
이 (건축계에서 성범죄) 피해를 보았고 공론화하기로

결심했다고 쳐요. 그러면 누구한테 얘기할 수 있을까요? 잠깐 생각해 봤는데 범죄 피해를 공론화하고 싶다면 건축 담론계가 별로 도움이 안 될 것 같아요. 미안하지만 제가 아는 건축계 선생님들도 신뢰가 안 가요. 차라리 언론사 젠더팀에 연락을 넣는 게 지지를 얻기좋을 것 같아요.

빈백소파: 지지해 줄 것 같다고 생각 드는 건축계 집단이 없어요. 몇 개씩 되는 협회들 통틀어서요. 그렇다면 외부 단체들은 이해해 줄까? 싶어요. 이 분야를 어느 정도 이해하는 사람들이랑 얘기해야 할 것 같은데, 사무실 간의 긴밀한 관계 때문에 말하지 못하는 현상 같은 걸 이해해 줄 누군가가 없다고 느끼는 것 같아요. 그게 성폭력 피해자 지원 단체라도요. 업계 사람 중에서는 딱 한 명, 피해자만 조용히 하면 된다는 마인드가 더 많아요. 그런 태도가 피해자를 고립시키는 거죠. 그러니까 말할 데가 더 없고, 남은 사람들은 눈치나 더 보게 되고, 참고만 있다가 더 이상 못 참게 될 때 떠나버리는 거죠. 제가 피해자라면 같이 목소리를 내줄 사람이 없다고 느낄 것 같아요.

모듈소파: 많은 남성은 (피해 여성을 지지함으로써) 권력 있는 남성에게 이상한 사람으로 보이기 싫을 거예요. 자기는 주류처럼 보이고 싶고 그런 거죠. 그러니 약자들이나 혼란을 겪고요. 그리고 건축계의 많은 남성이 건축

   우리가 방관하지 않고 저항할 수 있으려면

이 주류가 아니라는 것 때문에 느끼는 불안감과 피해의식도 있지 않나 싶어요. 그래서 약자들에게 더 무심하고요.

빈백소파: 건축이 주류가 아니라는 데서 오는 자격지심 같은 게 여성에게 표현이 되는 건가? 싶기도 하네요.

라탄소파: 근데 그럴수록 더 헐뜯을 사람을 찾을 게 아니라 개선을 시도해야 하지 않나요? 이 내부에서라도 조금이라도 더 나은 업계를 만드는 시도를 해야 할 거 아니에요? 저는 솔직히 나이도 있고, 자리도 있는 선생님들이 업계에 좋은 일을 안 하는 게 답답해요. 학생이나 저연차 실무자는 그럴 수 있어요. 불만만 가져도 되는 나이라고 생각해요. 영향력도 별로 없고요. 근데 자신도 건축계의 일부고 권위도 있는 사람들이 나서지 않는 건 좀 아니죠. 이제는 현재의 건축계가 이렇게 된 원인에 자신이 못 한 탓도 있는 거예요.

모듈소파: 건축계에 어른이 없다는 생각은 학교 다닐 때부터 했어요. 사회적인 의무나 책임을 얘기하면서 실천하는 사람이 없고, 더 없어지는 것 같아요. 근데 단합은 진짜 안 되고 서로 까는 건 너무 잘하는데 같이 연대하고 그런 건 진짜 없고요. 같은 업계니까 지지해야지 그런 경우가 잘 없다는 거예요. 서로 이렇게 관심이 없나? 싶을 정도로요.

라탄소파: 그런데 말은 엄청 세게 하는 분들이 계시죠. 아는 미술 작가가 건축인들 모임에 갔었는데, 보는 자기가 민망해질 정도로 서로를 물어뜯더래요. 자기는 미술계에서 이렇게 말하는 사람을 본 적이 없다면서 건축계 원래 이러냐고 하는데, 어떤 상황인지 감이 오니까 민망해서 죽을 뻔했어요.

신뢰 없이 날 서 있는

모듈소파: 결집이 진짜 안 되는 그게 크리틱 때문일까요? 서로 욕부터 박아버리는 게…

라탄소파: 어쩌면 건전한 크리틱을 못 받아본 게 서로를 좀 과민한 상태로 만드는 것 같아요. 크리틱을 받는 순간에 사실 우리는 엄청 취약해지는 거거든요. 누가 비판을 듣고 싶어 해요? 성장에 도움이 되는 거니까 참고 듣는 거죠. 근데 상호 신뢰가 있는 사람으로부터 좋은 크리틱을 받아야 수용자가 건전하게 크리틱을 받아들일 텐데 저는 생산적인 크리틱을 못 본 것 같아요. 학교뿐 아니라 실무에서도요. 아마 한국에 지어진 큰 프로젝트들, 특히 공공건축물은 한 번씩은 쌍욕을 먹었을 거예요. 서로 쌍욕을 박는 것처럼 느껴질 정도로 말하는 게 좋은 크리틱이라 주장하는 글도 본 적이 있어서 깜짝 놀랐어요.

빈배소파: 맞아요. 저도 건전한 크리틱을 받아본 적이 별로 없어요. 제 경력 통틀어서 본 적도 없는 것 같아요.

모듈소파: 그러니까 대화하는 법 자체를 모르기 때문에 가감 없이 말하는 게 맞는 방식이라고 생각하고, 실제로 그게 먹히기 때문에 자극적인 말로 찍어 눌러야 한다고 생각하는 걸까요? 건축계 성범죄 문제를 해결하자고 모였는데, 같이 문제를 해결해야 하는 사람들이 대화가 되는지 예상이 안 되는 상황인 것 같네요.

라탄소파: 그리고 서로 같정적인 사람들이 많은 것 같아요. 저는 동의한 적 없는데, 건축학과에 들어오면서 그들 사이에 쌓인 감정을 배우게 되더라고요. 학부부터 실무로 연결되는 관계에 넣어져 버리다 보니까….

모듈소파: 난 왜 괜찮지? 하고 생각해 봤는데 저는 듣기 싫은 말은 다 잊어버린 것 같아요. 저도 크리틱 받았을 때는 진짜 너무 짜증 나고 어떻게 저런 어른이 20대 초반인 애들한테 그럴 수 있지? 이런 생각을 하면서도 그대 딱 분노하고 싹 잊었던 것 같아요. 그렇게 안 하면 너무 힘드니까. 근데 폭력적인 한두 명 때문에 모든 기억이 다 안 좋아지는 것도 있는 것 같아요. 누가 와도 건강한 대화를 할 수 있는 방법을 별로 고민해 보지 않았기 때문에 너무 많은 사람이 상처를 받고 떠나요.

포근소파: 저는 수업 듣다가 크리틱에 대한 부담이 심해서 중간에 그만둔 적도 있어요. 우리가 어떤 식으로 대화할 거라는 룰이 있고, 그걸 모든 교육자가 알고 진행하면 학생들도 좀 더 안정감 있게 받아들일 수 있을 것 같은데….

라탄소파: 맞아요. 그게 아니더라도 폭력적인 사람들이 잘리거나 제가 대들었다면 저는 개운해질 것 같거든요. 근데 잘리지도 않았고 대들지도 못해서 해소 안 된 멜랑꼴리로만 남았어요. 근데 최근 좀 심란해요. 전에 제가 조교가 돼서 크리틱에 들어가니까 후배들이 달달달 떨면서 발표하는데 너무 안타까운 거예요. 사실 그렇게 긴장할 필요까진 없는데….

포근소파: 근데 그걸 몰라요. 알려준 사람이 없어요. 주입식 교육을 고등학교 때에 쭉 받고, 너무 뜬금없는 교육 방식에 내던져졌어요. 크리틱을 내가 받아쳐도 되는데 받아쳐야 한다는 생각조차를 못했어요. 또 권위적인 교수님을 만나면 트라우마처럼 남아서 더 심하게 떨었어요.

모듈소파: 실무자가 되어서 받는 크리틱에도 가감 없이 진짜 모든 걸 다 얘기하는 게 건강하다고 생각하는 거 같아요. 상대방에 대한 배려 없이요. 사실은 그게 건강한 대화가 아닌데, 다들 잘못된 어른이 돼서 어디에도 어른이 없는 상황이 된 거예요. 그리고 업계 어른들이 밑에 있는 사람들이 어떻게 생각하는지도 모르는 것 같아요. 자신이

   우리가 방관하지 않고 저항할 수 있으려면

"편하게 얘기해~" 하면 당연히 편하게 얘기할 거라고 생각할 것 같아요. 예를 들면 피해 해결과 예방을 위해 프로토콜이 필요하다는 것도 모르죠. 성범죄 예방 관련해서도 익명으로 문제 제기 메일을 받을 수 있게 한다거나 외부 위원회를 둔다거나 하는 다양한 방법이 있잖아요. 근데 안 하죠. 그러니 대화할 상대에 대한 인지가 있나? 대화할 준비가 되어 있나? 잘 모르겠어요.

민트소파: 이런 거 들으니까 여성 문제가 수면 위로 드러날 수 없는 이유 중 하나를 알 것 같아요. 대화를 잘 하지 못하니까 다들 힘들어하는 도중에 소수자들이 여자로서, 혹은 퀴어로서 겪는 부당함을 더 말하기 어려워지는 것 같아요. 다 같이 힘든데 "왜 여자들만 힘들다고 하니? 나도 똑같이 힘든데." 이런 심정이겠죠.

어떻게 연대할 수 있을까?

빈백소파: 어차피 (권위를 가진 남성들은) 공감 못 할 건데 굳이 에너지를 써야 하나라는 생각을 제일 많이 해요.

모듈소파: 공감해요. 이 업계가 문제가 있다는 것을 인지하려면 대화하는 것밖에는 답이 없는데 대화할 준비가 되어있는지 모르겠고, 그러니 해결 프로세스 자체가 없어 보여요. 좀 집단이 같이 움직이면서, 마음에 안 드는 사람이 있어도 "우리 다 같이 해결해 보자" 하고 같이 움직

여주고 해야 하는데 불만을 어떻게 해소할지 생산적인 논의로 이행이 안 되는 것 같아요. 그런 담론을 만들거나, 뭔가 하려는 사람이 있으면 응원하고 지지하면 되잖아요? 그 사람이 100% 내 마음에 들지 않아도 내가 못 한 일을 하고 있으면 건강하게 갈 수 있잖아요.

라탄소파: 그리고 뒤에서 이렇다 저렇다 말은 엄청 하고….

모듈소파: 불만을 다들 개인적인 자리에서 끝내버리죠. 같이 고민하고 더 모여야 하는데도요. 그러면 진짜 대화할 상태가 안 돼 있는데 어떻게 해야 할까요? 이 사람들 데리고 같이 좋은 업계를 만들려면 대화를 해야 하는데, 대화 자체가 안 되면 어떻게 해야 할까요?

라탄소파: 좀 괜찮아 보이는 사람들에게 먼저 가서 압박을 줄까요?

빈백소파: 지금 당장 윗세대에게 뭔가를 바라기는 어려울 것 같아요. 솔직히 말해서요.

모듈소파: 기다리면서 대화를 준비하자는 말씀이네요.

민트소파: 보통 이런 문제를 해결할 때 투쟁을 통해 쟁취하려고 하잖아요. 근데 이걸 대화로 해결해야겠다는 생각 자체가 되게 건축적인 것 같아요. 사실 노동운동이나 여성 인권 운동을 볼 때 대화만을 통해서 해결된 건 별로 없다고

   우리가 방관하지 않고 저항할 수 있으려면

생각하거든요. 여성들이 마차 앞에 뛰어들면서 투표권을 쟁취해 냈고, 노동권도 자기의 몸에 불을 지르는 열사가 있어서 쟁취한 거고요. 이 심정을 기득권은 지금도 이해 못 할 수도 있어요. 그래서 대화를 통해 해결하는 게 적합한지 의문이 있어요.

빈백소파: 투쟁이라는 게. 뭔가 투쟁할 대상이 있어야 하잖아요. 근데 지금은 명확하게 뭘 할 게 없는 거 같아요. 어디서부터 어디까지가 연대할 사람인지도 모르겠어요. 투쟁까지 가려고 해도 한참 먼 것 같고요. 그냥 어떤 사건이 있으면 말하고 의존할 수 있는 어른이 한 명이라도 있는 게 최선이지 않을까 싶어요.

라탄소파: 저도 마찬가지예요. 만약에 힘이 엄청 큰 중심이 있다고 해요. 그러면 그쪽으로 가서 교섭을 요청하고 압박을 주면 되는데 근데 오늘 얘기한 걸 보면 그렇게 느끼는 집단이 없는 것 같거든요? 건축가 집단이나 건축 담론계에 대한 신뢰가 지금은 별로 없고요. 누가 연대할 수 있는 사람인지도 모르겠어요. 여기서 대화를 하자는 게 '우리 다 같이 평화롭게 협의해요'가 아니에요. 다들 공감하셨잖아요. 내가 고발하고 싶은 마음이 생기더라도 차라리 나 혼자 참고 탈건하지 건축 담론계나 건축 협회에는 말 못 할 것 같다고요. 그동안 보고 들어 온 부조리한 일들에 우리가 입 꾹 닫고 있었듯이요.

건축계의 누구랑 연대해야 할지도 솔직히 저는 모르겠어요. 누구한테 개겨야 할지도 모르겠어요. 그러면 할 수 있는게 최대한 믿을 수 있는 사람을 많이 알아두고 앞으로 어떻게 해야 할지를 계속 얘기하면서 내실을 쌓는 거겠죠. 그래서 정말 저항해야 할 때에 저항하는 그 정도가 현명할 것 같아요.

근데 조직화하는 건 좀 배우긴 해야 할 것 같아요. 인권운동하는 분들은 조직화 진짜 잘하시거든요. 의제 찾아내고, 성명문 쓰고, 보도자료 내보내고, 시위 계획하는 절차가 있더라고요. 그래서 의제를 만들고 사회적인 행위로 만드는 노하우들은 진짜 저희가 배우긴 배워야 할 것 같아요.

모듈소파: 당장 그런 것도 건축계에서는 잘 못 하는 부분이죠. 해 본 적도 없는 것 같고. 앞으로 SOFA가 해야 할 일이 많네요.

우리가 방관하지 않고 저항할 수 있으려면

토론의 결론은 "일단 대화하기"였다. 피해자가 고립되는 상황 자체가 문제고, 이 상황에서 누구를 믿을 수 있는지조차 알 수 없다면 믿을 만한 사람들을 찾는 게 먼저라는 논리였다. 어떤 면에서는 고립되지 말고 연결되자는, SOFA가 설립된 계기와 상통하는 바가 있다. 솔직히 말해 지금 당장 건축계의 권위 있는 자들이 운동을 조직할 가능성은 요원하고, 그들에게 피해자의 입장을 말하고 개선을 요구해 봐야 안 들을 것 같다고 느꼈다. 그렇다면 직접 운동을 해야 할 텐데 성평등을 바라고, 기다리는 자들과 함께하려면 차분한 준비와 계획이 필요할 것 같다. 모두에게 문제 제기는 겁이 날 것이다. 그러나 문제 제기 이후, 건축계의 상황을 충분히 섬세한 태도로 점검했는데 이 업계가 성평등하고 가해적이지 않은 문화를 가지고 있다면 불의 없음에 기뻐하고 안심하며 두 발 뻗고 자면 될 일이다. 만약 아니라면, 지금부터 고민하면 된다. 문제제기와 토론으로 인해 더 나빠질 건 없다. 토톤자들은 한나절을 쉼 없이 얘기하다가 다음을 기약했다.

사족이지만 필자가 토론을 준비 및 진행하며 느낀 점인데, 우리가 익숙한 세계는 만들어진 지 얼마 되지 않았음에도 사람들은 성차별을 원래 그런 것, 조선 시대에서 온 것, 유교적인 것이라고 쉽게 단정 짓는 것 같다. 그러나 지금의 성차별에 역사로부터 비롯된 절대적인 필연성은 없다. 지금 우리가 마주하는 성차별은 현대적인 현상이다. 과거에는 성차별이 없었다는 의미가 아니다. 시대마다 특정한 형태의 성차별이 있는데, 동시대의 성차별은 동시대적인 양태를 가진다는 의미에서다.[6] 그리고 성차별에 정통성을 부과하고 더 나은 업계를 기대하지 않는 태도가 누구의 편을 암묵적으로 들어주는 것인지는 두 번 생각하지 않아도 뻔한 일이다. 역사를 이유로 성차별을 당연시하는 것은 불평등에 비합리적이나 인상깊은 당위를 부여한다. 둘째로, 이 사회가 좋은 방향으로 나아가지 않는다는 관점도 답답하다. 최근의 성폭력이 새로운 폭력성을 보여 지치는 날이 많을 것이다. 그런데 절대 개선이 안 될 거라고 지레짐작하기 전에 이 사회가 얼마나 빨리 바뀌었는지도 볼 필요가 있다고 생각한다. 직장 내 성희롱은 1999년도에 대법원 판정을 받았고, 말도 안 되던 호주제는 폐지된 지 20년도 채 되지 않았다. 피곤하고 절망스러울 때가 많지만, 연대하고 행동하며 쌓아 올린 역사를 기억해야만 한다. 무지로 인한 냉소는 불평등에 맞서 그동안 싸워온, 지금도 싸우고 있고 앞으로도 싸울 사람들에게 도움이 안 된다. 안 될 거란 섣부른 판단은 이 사회를 개선하려는 자들에게 미안할 일이다. 사람들은 계속해서, 조금이라도 더 나은 세상을 위해 보이지 않는 곳에서도 싸워왔다.

건축계 안에서만 바라보면 성폭력 문제의 파악이나 해결이 불가능해 보일 때도 있다. 그러나 계속해서 개선안을 고민해 온 집단에게로 아주 조금만 시선을 돌리면, 다양한 개선안은 충분히

---

6) 근대성과 젠더의 긴밀한 관계는 다양한 방식으로 탐구되어 왔다. '가정주부', '현모양처'와 같은 여성상도 근대화 과정에서 형성되었다고 할 수 있다. 관련한 문헌으로는 Women Writing Architecture의 SOFA 컬렉션을 참조하라. (womenwritingarchitecture.org/people-and-organisations/sofa)

 우리가 방관하지 않고 저항할 수 있으려면

제안되어 있다. 예컨대 김현미에 따르면 고용주의 책무에 무관용 원칙을 제시하면 직장 내 성폭력이 감소하는 효과가 있다고 한다. 조직이 직원의 부적절한 행위를 적극적으로 관리감독하고, 피해 발생 시 가해자가 아닌 피해자의 편에서 사건을 다루어야 한다는 의무를 부과하는 것이다. 또한 방관자 교육을 실시할 수 있겠다. 많은 사람이 (건축계의 많은 사람들과 마찬가지로) 적절한 개입 방법을 모르고, 자신의 반응이 선을 넘는 짓일까 봐 개입을 꺼린다. 방관은 피해자를 고립시키고 성범죄를 개인 간 발생한 사소한 사건으로 축소할 가능성이 있기에 방관자 교육이 중요하다.[7] 건축계는 교육과 실무 수련을 일원화해 왔다. 설계 업계에서 일하려면 대학 학위와 관련 자격증이 필요하다. 특히 건축가들은 5년제 건축학과와 건축사 자격증으로 출입문을 좁혀 놓았고, 2022년 8월부터는 개업 건축사무소의 건축사협회 의무가입 제도가 시행되었다. 교육부터 실무까지를 어우르면서 건축인들에게 영향을 끼칠 수 있는 단체들이 있기 때문에 다양한 방식의 개입과 중재가 가능할 것으로 예상된다.[8] 이런 맥락에서 건축계의 여성들이 느끼는 막연한 불안감은 권위를 생산하는 기관들이 건축계 내부의 문제를 방관해 왔음을 방증하는 근거이기도 하다.

토론을 정리하면서 한국 건축사무소의 성범죄 발생을 보도한 기사를 발견했다. 부끄럽게도 글을 쓰면서야 알았다. 토론을 준비하고, 토론에 참가한 소파들은 분명 자신이 하는 일에 관심을

---

7) 김현미, 『흠결 없는 파편들의 사회』, 봄알람, 2024, 103~108쪽.

8) 법적, 제도적 차원의 개입의 효과와 방향에 대해서는 다음의 글을 참조하라. 마사 너스바움, 『교만의 요새: 성폭력, 책임, 화해』, 민음사, 2022.

가진 사람들이다. 현 상황이 개선되어야 한다는 점에 공감하고, 연대할 준비가 되어 있지만 소식조차 모르고 있었다.[9] 그간 건축 계에서 발생한 성범죄 기사는 보도 이후에도 큰 파장을 만들지 못한 것 같다. 2017년 지역 중견 건축사무소의 대표가 직원을 성추행해 벌금형을 받았다는 짧은 기사가 있었다. 2020년에는 한 익명 커뮤니티에서 건축사무소 사내 성범죄 사건이 문제 제기되었으며 이 사건은 인터넷 신문 기사로 소개되었다. 당시 트위터(현 X) 사용자는 이 사건을 한국의 건축협회들에 신고했으나 어떤 대처가 있었는지는 미지수이다. 한 기자는 같은 사건에 건축 관련 단체들이 대응하지 않았다고 짧게 보도했다. 또한 건축사무소에서 발생한 성희롱의 상담을 요청하는 익명의 지식인 글을 발견하기도 했다. 이 글들은 해결이 필요한 사건으로 발견되지 못한 것 같다. 알지 못하기에 고립되고, 그 결과 서로 도울 수 있는 사람들이 연결되지 못한다.

이 글의 독자 중 누구도 자신보다 경험이 적고, 건축계에서 발생한 여러 사건에 대해 아직 모르는 후배의 눈을 똑바로 바라보면서 "나는 너보다 연장자로서 많은 사건을 보고 들었고, 이 업계가 여성을 어떻게 대하는지 알게 되었지만, 아무런 말도 행동도하지 않았으며 너에게도 알려주지 않을 것이다."라고 당당히 말하지는 못할 것이다. 그러나 다양한 이유로 우리는 홀로 불안해

---

9) 성범죄는 피해당사자가 문제 해결을 어떻게 바라는지가 가장 중요하다. 보도된 사건 피해자의 의사가 어떠한지를 모르기에 언급도 조심스럽다. 그러니 상기의 내용이 피해자에 대한 배려 없이 성범죄 사건을 자극적인 일로써 타자화하며 소비하는 최근의 경향 중 하나로 끝나지 않도록 해주었으면 한다.

 우리가 방관하지 않고 저항할 수 있으려면

하기만 했다. 쌉싸름한 침묵을 삼키며 우리는 저항하지 못했다. 현재의 우리는 공대 건물에 여자 화장실이 없으며, 건축학과에 여성이 몇 년에 한 명씩 입학하고, 건축사무소에서 여성을 채용하려 하지 않아서 건축과를 졸업한 여성들이 진로를 우회했던 세월을 상상하지 못한다.[10] 더 이상 방관하지 않고 저항한다면, 어느 가까운 미래에 이 시대를 겪어보지 않은 자들로부터 우리의 회고록은 "선생님, 말도 안 되는 소리 하지 마세요."라는 핀잔을 들을지도 모른다.

---

10) 건축사자격시험제도가 시행된 1965년에서 1980년까지 16년간 1급 건축사 자격증을 취득한 1,726명 중 여성은 고작 5명이었다. 윤승준, "[특집서언] 건축설계 분야의 여성의 역할", 대한건축학회지, 2001년 3월호, 22~24쪽.

大氣電気
아파트
신화建設㈜
大方神宮通
洞
大方驛
東邦生命
星條誌社
서울市立婦女保護所
大方아파트
大
方

요보호여자시설의 모습들

가연

민주화 이전의 한국 건축 연구는 쉬운 일이 아니다. 사방에 지뢰가 도사리고 있는 길을 홀로 걸어가는 기분이 든다. 올 초 나는 별로 자랑스럽지 못한 학위를 외롭게 취득했고, 곧이어 단기 계약 연구직과 독립연구자의 이중 생활을 시작했다. 회사에서도, 개인적으로도 60~70년대어 국가, 사업체, 개인 등 다양한 행위자들로부터 생산된 1차 자료들을 계속 읽고, 돌보고, 살핀다. 다양한 현대사 자료들과 같이 지내는 것은 큰 기쁨이지만 가끔 생각컨대 정신 건강에는 좋지 않은 것 같다. 역사가 잘 정리된 문헌일 때와 만질 수 있고 향과 부피가 있는 물질일 때는 차이가 크다. 가공 안 된 날것 같은 내용은 덤이다.

이 글에서 나는 일하는 중 우연히 알게 된 여성수용시설을 간략하게 소개하고자 한다. 본문에서 더 자세히 논하겠지만, 윤락여성

(과거에는 윤리적으로 타락한 여성이라는 의미를 담아 성매매 여성을 이렇게 불렀다)을 보호한다는 미명 하에 여성을 수용하는 시설이 공공에 의해, 강제성을 가지기도 하면서, 긴 기간동안 운영되었음을 알게 되었다. 초고는 내 내면의 불편함만을 덜어내고자 의식의 흐름대로 썼다. 너무 유려하게 써낸 탓인지 안타깝게도 마치 확신을 가지고 문제 제기를 하는 것같은 글이 되었다. 개인적으로 발전시키고 있는 연구의 요약문 형식도 고민해 보았으나 투고가 기다리고 있기에 가까운 미래의 자가표절이 무서워 택하지 않기로 했다. 그래서 그 대신에 완전한 번외편으로 글을 새로이 전개하게 되었다.

이 글은 부녀복지시설 중 보호지도소와 직업보도시설(이하 요보호여자시설[1])을 다룬다. 요보호여자시설은 「윤락행위등방지법」(이하 윤방법)에 의거해 건립되어 1961년부터 30여 년간 운영되었다. 전국에 건립된 요보호여자시설은 대외에 성매매 여성의 보호와 직업 교육을 통한 갱생을 위한 시설로 알려졌다. 그러나 성매매 여성들에게는 수용의 불확실성과 강제성 때문에 교도소보다 가기 싫은 곳으로 여겨졌다.[2] 또한 수용된 요보호여자 중에는 여성 부랑인 및 장애인이 있었다. 그간 요보호여자시설에 대한 연구는 성매매 여성을 중심으로, 사회정화를 목표로 한 노숙자 및 정신장애인의 수용에 대한 연구는 남성 중심으로 전개된 경향이 있다.

---

1) 이 명칭은 다음의 글을 따랐다. 박정미, "'여자'가 '보호'를 만났을 때: 요보호여자시설, 기록과 증언", 아시아여성연구, 60권 1호, 2021, 41~82쪽.
2) 김아람, "뒤늦게 알려진 '여자 삼청교육대': 감금된 보호(保護)와 보도(輔導), 성매매 여성 수용시설", 일다, 2020. 06. 25.

그러나 최근의 연구에 따르면 서울시의 경우, 부랑인과 장애인의 별도 수용을 위해 요보호여자시설의 직체를 체계화하고 건물을 신축하기도 했다.[3] 이처럼 요보호여자시설은 소수자성이 다층적으로 응집된 장소이다.

시설에 수용되었던 여성들의 증언을 듣고, 법제도적인 비합리성을 지적하는 작업은 이루어진 바다. 진실화해위원회 또한 2024년 1월 9일 '서울동부여자기술원 등 여성수용시설 인권침해 사건'을 중대한 인권 침해로 인정했다. 감금 상태에서 폭력에 방치되었다는 것, 강제수용에 대한 법적 근거가 없는 것이 재확인되었으며 위원회는 국가(보건사회부와 지자체)의 사과와 명예회복 조치를 권고했다.[4] 앞선 연구를 읽고선 나는 도면과 사진 등 시각 자료를 읽어냄으로써 그동안의 는의에 질적인 깊이를 더해줄 수 있다고 생각했다.

이 글은 다소 산만하게 구성되었다. 요보호여자시설은 도면상으로 학교, 병원, 감옥 등 여타 규율적인 시설과 유사성이 있다. 따라서 나는 서울시 산하에서 관리되었던 시설을 중심으로, 그것을 배치하는 구체적인 상황을 먼저 이해하고 수집한 자료를 독해하고자 했다. 이에 이 글은, 첫째, 5.16 군사쿠데타 전후를 배경으로, 성매매 여성이 위치지어지는 방식의 변화를 간략하게 살핀다.

---

3) 이 글에서 기술한 부녀보호지도스의 계보는 다음의 글을 따른다. 황지성, "장애여성의 시설화 과정에 관한 연구—서울시립부녀보호지도소 사례를 중심으로, 1961~2010", 서울대학교 박사학위논문, 2023.

4) 2024년 1월 10일 배포된 진실화해위의 보도자료를 참조했다.

사회 하층민에 대해 담론이 변화하면서 윤방법이 제정되었다. 둘째, 서울시의 부녀보호지도소 건립과 직체의 분화 과정을 소개한다. 1961년부터 20여년 간 서울시는 시설의 규모를 확장하고, 부랑부녀자시설과 윤락여성시설을 나누어 운영하며 수용을 체계화했다. 시설은 대형화 및 교외화된다. 셋째, 시각 자료를 바탕으로 서울시립동부여자기술원(이하 동부여자기술원) 건물을 기술한다. 성매매 여성들은 한번 들어오면 부모에게 인계되기 전까지는 긴 기간 나갈 수 없었고, 자유로운 면회와 외출이 금지되었던 곳으로 동부여자기술원을 기억한다. 이 장소가 어떤 공간이었는가? 서울기록원에 소장된 「동부여자기술원 보일러실 신축공사 설계서」와 「재산대장(서울특별시립 동부 여자기술원)」에 수록된 도면과 사진 자료를 참조해서 건물의 내부 구성을 분석했다. 이 글은 시각 자료를 참조했다는 것에서 선행 연구와 차이가 있으나, 내용 전반이 여성학계에서 새로운 내용은 아니다. 특히나 제도사, 반성매매 운동사 부분은 앎이 짧고 도움도 구하지 않아서 구멍이 숭숭 나 있다.

발전국가 시기의 윤락녀

성별은 너무나 강력한 기제이기 때문에 인간을 두 개의 성별로 나누고, 여성은 여성끼리 혹은 남성은 남성끼리 동일하리라 추정하는 것이 가끔은 자연스럽게 느껴지기도 한다. 특히나 이 사회가 한 성별에만 주체적인 역할을 할 수 있으리라 여기고 여성에게는 조력자나 부차적인 역할만을 강요해 왔으므로 정상성에서 낙오된 자로서 동병상련의 감정을 확대해 여성인 자신을 다른 여성과 동일시할 때가 나 또한 있다. 그러나 각각의 인간이 가진 수많은 면모를 그의 여성성 혹은 남성성으로만 환원할 수 없는 것처럼 여성

집단 안에서의 이질성 또한 분명 존재한다. 그래서 교차성은 페미니즘의 중요한 의제가 된다. 계급, 연령, 지역 등 한 사람이 위치한 다양한 상황을 파악하고, 그것을 젠더화 함으로써 더 명료한 방식으로 역사를 기술할 수 있기 때문이다.

　사회 하층민의 체계적인 수용은 1960년대에 시작된다. 군사쿠데타로 정권을 잡은 박정희는 복지국가를 이룩하겠다고 공언하고 군정 동안 산업재해보상보험(산재보험)과 의료보험(건강보험) 등을 재빨리 제도화한다. 이렇게 시작한 한국의 복지제도는 공공이 모두를 위한 복지제도를 마련하는 방향으로 나아가지 않았다. 임금 노동자를 중심으로 한 선별적인 제도가 확립되었고, 공적 보장제도의 부재는 가족, 특히 구성원 중 여성의 부양 능력과 부동산, 사보험 등 사적인 해결책을 강화했다. 좁은 사회보장의 영역에서 벗어난 하층민은 생활보호법에 따라 건설에 동원되어 대가를 급여로 제공받거나, 개척단으로 동원되기도 했다. 잘 알려져 있듯 발전국가 시기에 건설된 고속도로, 댐, 다리 등의 대규모 사업에 수많은 영세민의 노동력이 투입되었다.[5] 사회보장제도는 국가 주도적 건설과 경제 발전에 기여하는 것을 조건으로 한정적인 대가를 지급받는 정도로 잔여적이었다.[6] 이에 더해, 성매매 여성, 노숙자,

---

5) 1963년 기준으로 2,636만 명이 건설 사업에 투입되었다. 윤홍식, "박정희 정권시기 한국 복지체제: 반공개발국가, 복지국가의 기능적 등가물", 한국사회정책 제25권 1호, 2018, 195~229쪽.

6) 또한 한국은 복지의 많은 부분을 사설 재단에 일임하고, 이 재단은 수용된 빈민의 노동력을 상품화하여 사업화한다. 개중 대중에 알려진 사례인 형제복지원에 관해서는 다음을 참조하라. 서울대학교 사회학과 형제복지원 연구팀 편, 『절멸과 갱생 사이: 형제복지원의 사회학』, 서울대학교출판문화원, 2021.

고아 등이 보호와 갱생이 필요한 존재로 구성되기 시작한다. 물론 6.25 전쟁 이후에도 이들의 수용이 논의되었고, 특히 고아를 수용하는 시설이 다수 건립되었지만 5.16 전후로는 수용 방식과 적극성에서 차이가 있다. "사회의 부패와 구악을 일소"한다는 군부의 계획은 부랑인과 윤락여성을 수용하는 방향으로 나아간다.[7]

윤방법이 제정된 것은 1961년이다. 윤방법은 '윤락행위를 방지하여 국민의 풍기정화와 인권의 존중에 기여'하는 것을 목적으로 하여, 윤락행위를 금지하고 처벌하는 것과 윤락여성을 지원하는 것을 모두 내용에 담은 법령으로 제정되었다. '윤락행위등방지법에 의한 직업보도시설의 시설기준령'은 제정 2년 후인 1963년 신설된다. 이 기준령은 '직업보도시설'이 갖추어야 하는 최소면적과 시설을 서문화하고, 시설에 설치가 가능한 보도종목을 목록화했다. 목록에 등재된 종목으로는 양재, 편물, 이미용, 타자수 등 여성화된 직업군이 주를 이루었다. 이처럼 윤방법은 '윤락행위의 상습이 있는 자와 환경 또는 성행으로 보아 윤락행위를 하게 될 현저한 우려가 있는 여자'를 요보호여자라고 규정하고, 요보호여자의 선도보호와 자립갱생을 위하여 보호지도소와 직업보도시설을 설치하는 것 등을 내용으로 삼고 있어 복지와 관련된 법으로서의 성격도 있다.

그러나 법의 목적과 요보호여자(요보호자가 아니다)를 규정하는 방식에서 볼 수 있듯, 윤락여성을 한 명의 고유한 인간이 아니

---

7) 김아람, "1960~80년대 사회정화와 여성 수용", 사회와 역사 제129집, 147~180쪽, 2021.

라 교화의 대상으로 보고 통제하는 큰 문제점이 있다. 또한 '현저한 우려'라는 조건상 여자라면 아무나 수용될 가능성이 법제에 내재되어 있다. 요보호여자로 수용 조치를 내리는 절차와, 수용할 수 있는 기간도 명시되어 있지 않다.[8] 게다가 1961년 11월 윤방법을 제정한 정부는 이듬해 전국에 백여 개의 특정지역을 지정했다. 특정지역에는 미군 및 내국인을 대상으로 한 성매매 집결지가 포함되었다. 이것은 성매매 여성의 단속을 더 용이하게 만들었다. 윤방법의 제정 목표가 무엇이었는지 의문스러워지는 행로다.

　윤방법은 법제상으로 근본적인 문제가 있었을 뿐 아니라, 실제 운영상에도 한계가 명확했다. 성매매 여성은 집결지에서 시설로 강제 이소되는 것이 보통이었고, 일단 입소하면 자유롭게 나갈 수 없었다. 개소 이래 여성이 탈출하는 사건은 계속해서 이어졌다.[9] 또한 직업보도를 통해 취업에 성공하는 경우보다 가정으로 다시 보내지는 경우가 많았다. 성매매에 부과되는 사회적 낙인에도 불구하고 시설에 이소되면 코통 가족 보호자에게 연락이 가고, 보호자가 나타나야 인계되어 시설을 나갈 수 있었다. 개척단원 남성과 요보호여성을 결혼시켜 여성에게 가족을 부양하는 역할을 강제로 맡기기도 했다. 나아가 직업 교육에 효율성이 없었으며, 성매매 집결지에서 일을 계속하다 입소와 퇴소를 반복하기도 했다. 특정지역에서는 성매매가 묵인되었지만, 그와 동시에 수용시설이 운영되는 '집결지-수용소' 체계는 상호적으로 연결되어 있었다.[10]

8) 박정미, 앞의 글

9) "밤의女人들 收容所서 集團脫出", 「경향신문」, 1963.11.08, 6면.

10) 원미혜, "'성 판매 여성'의 생애체험 연구: 교차적 성 위계의 시·공간적 작용을 중심으로", 이화여자대학교 박사학우 논문, 2009.

서울시립부녀보호지도소의 건립과 분화

수용시설이 가장 많이, 대규모로 지어진 지역은 수도권이다. 그중 서울시는 지속적으로 직체를 확장하며 요보호여자의 수용을 체계화한다.[11] 먼저 1961년 중구 주자동 번화가의 한 건물에 서울부녀보호지도소가 서울시립갱생원과 같은 위치에 개소한다. 현재의 명동역과 충무로역 근처이다. 시설이 개소한 건물은 부녀보호지도소 용도로 사용되기 전에는 마약중독자치료소가 들어와 있던 건물로, 규모와 양식 상 일제강점기에 건설되었던 건물을 해방 이후에도 사용한 것으로 추정된다.[12] 도심에 있던 마약중독자치료소가 "도시위생상 그리고 미관상 불미"하다는 평을 받고 이전했듯 부녀보호지도소도 고급 관광호텔과 일신국민학교가 근처에 있으니, 교외로 옮기라는 의견이 제기되기도 했다.[13] 개소 후 입소자가 급격하게 증가하여 시설 확장의 필요성이 느는 등 변화 속에서 부녀보호지도소는 1963년 대방동 110번지로 이전개관한다. 이전 소식은 "영등포구 대방동에 2층 철근 「콩크리트」로 된 「부녀보호지도소」를 신축"했다고 신문에 실렸다.[14] 명동 인근 번화가의 적산가옥에서 공업지역이 형성되어 있던 영등포로 이전한 것이다. [그림1]이 신축된 보호지도소 건물이며 건물 앞에는 운동장이 있고, 담장이 대지를 둘러싸고 있다.

---

11) 황지성, 앞의 글

12) "婦女保護所,郊外로移徙", 「경향신문」, 1962.11.07, 7면.

13) "나의提言 婦女保護所는 郊外로", 「경향신문」, 1962. 07.18, 3면.

14) "淪落女性 保護指導所를新築 갖가지技術施設", 「동아일보」, 1963.01.22, 8면.

[그림1] 대방동으로 이전한 부녀보호지도소(1963), 서울기록원 제공

대방동으로 이소한 서울부녀보호지도소는 1960년대 후반부터 확장되면서 수용이 체계화되었다. 60년대 초 부녀보호지도소는 [그림1]의 신축 콘크리트 건물에 직업보도시설 기능을, 구축 목조 건물에 보호지도소 기능을 나누어 부여했다.[15] 부녀보호지도소의 관련법인 윤방법과 서울시 조례는 공통적으로 성매매를 한 여성과 그럴 가능성이 있는 여성을 수용하는 것을 기준으로 삼고 있다. 당시 거리에 있는 다양한 여성들이 공권력에 의해 시설로 옮겨졌다. 개중에는 정신장애인, 노숙자, 신체장애인 등 다양한 몸들이 있었다. 개소 초반에는 집결지를 단속하여 성매매 여성을 보호지도소로 인계하는 것이 주였다. 그러나 시간이 지나면서 보호지도소에 수용되는 부랑부녀자의 비율이 증가한다.

---

15) 박정미, 앞의 글, 58쪽.

곧 서울시는 시설의 신축과 윤락여성과 부랑부녀자의 분리 수용을 시도한다.[16] 먼저 1967년 부녀보호지도소의 오류분소가 오류동에 설치되었다. 오류분소는 부랑부녀자의 별도 수용을 목표로 개소했다. 1971년에는 오류분소가 오류부녀보호지도소로 승격 및 개편된다. 1971년부터 74년까지는 서울시의 부녀보호지도소로는 기 설치되었던 대방동의 대방부녀보호지도소와 오류분소가 승격한 오류부녀보호지도소의 양 직체가 있었다. 전자는 '윤락여성 및 윤락의 우려가 있는 부녀'를, 후자는 '정신적, 육체적 결함으로 생산활동을 상실한 채 부랑하는 부녀'를 담당했다.[17]

다른 한편에서는 윤락여성 수용 및 교육을 강화한 시설이 신규로 건립되었다. 1966년 부임한 김현옥 서울시장은 서울시내의 사창 철거 계획을 수립하고 성매매 여성을 수용하기 위한 시설을 계획한다. 그 결과 1969년에 서울시립행복원이 착공했다. 대방동 부녀보호지도소에 수용되었던 여성 중 '갱생의 가능성이 높은 자'가 행복원에 재배치되었다. 이 시설의 주소는 수서동 산4-1번지로 현재의 삼성서울병원 남측이다. 강남 개발 이전이었던 시설 건립 당시에는 작은 마을에 논밭이 있을 뿐 [그림2]처럼 허허벌판인 언덕이었다. 운영상의 결함이 계속된 직업보도시설의 교육 기능을 강화하는 것을 목표로 다시 한번 교외로 이전한 것이다. 서울부녀보호지도소는 중구의 번화가에서 공업 지역으로 1차로

---

16) 서울시립부녀보호지도소의 연혁은 다음의 글에 일목요연한 표로 정리되어 있다. 진실화해위, "집단시설 인권침해 실태조사 연구용역 사업-수도권(서울·경기·인천) 및 강원권 최종보고서", 2021, 69~70쪽.

17) 「서울특별시립남부부녀보호지도소 및 동부여자기술원 직제(제1479호)」, 규칙철(국가기록원 BA0089334), 1974.11.14. 김아람, 앞의 글 170쪽에서 재인용.

이전되고, 성매매 여성의 직업교육을 강화한 시설이 신규로 계획되면서 주변에 논밭 뿐이던 수서동으로 이전된다. 이 곳으로 옮겨간 것은 개소 이래 수용된 여성의 탈출이 계속된 것에 대한 대응처럼 보이기도 하나 행복원에서도 탈출은 계속되었다. 서울시립행복원은 1972년 5월 서울시립기술원으로 명칭이 변경된다.

[그림2] 수서동 산4-1번지(1977), 국토지리정보원 제공.

60년대 후반부터 서울시는 오류부녀보호지도소(오류분소), 대방부녀보호지도소, 행복원(서울시립기술원) 세 시설 체제를 유지하다가 1974년 4월 직체를 한 번 더 변경한다. 시설의 기능을 병합 및 정리하며 남부부녀보호지도소와 동부여자기술원의 두 시설을 운영하게 된 것이다. 대방동에 서울남부부녀보호지도소를 개소해 오류분소의 부랑부녀자 수용 기능을 맡게 하고, 행복원은 같은 자리에서 서울시립동부여자기술원으로 개칭, 운영되며 윤락여성 수용 기능을 맡는다.

[그림3] 영보자애원 항공사진(1987), 국토지리정보원 제공.

대방동의 서울남부부녀보호지도소는 1985년 용인시 이동면 묵리로 신축이전된다. 이때 부랑부녀자를 수용하는 성격이 유지되며, 운영 주체가 변경되면서 신축된 보호지도소의 명칭 또한 서울시립영보자애원(이하 영보자애원)으로 변경된다. 대방동의 남부부녀보호지도소는 담이 쳐져 있었지만 대지 바로 남측에는 초등학교가 있었고, 대지 인근에는 주거용 건물이 있었다.[18] 이 곳에 수용되었던 부랑부녀자는 도시와는 떨어진 곳, 용인 산골짜기의 논밭 사이에 건립된 영보자애원으로 재배치된다. 대방동에서 60km 떨어진 곳이다.[19] [그림3]의 중앙에 중정이 있는 하얗고 네모난 건물이 영보자애원이다.

---

18) 학교 근처라는 점이 문제시된 적도 있다. "市立婦女 보호소 딴곳에 옮기기로", 「조선일보」, 1971.11.19, 7면.

19) 영보자애원에 대해서도 문제제기가 있어 진화위 조사가 진행됐다. 수용자 증언과 영보자애원 측 자료 및 주장이 합치되지 않는 부분이 있어 보고서에서는 관련 내용이 삭제됐다. 영보자애원은 "현재 입소된 생활인들은 과거 서울 대방동 남부부녀보호소에서 전원된 사람들이며, 영보자애원은 여성부랑자들을 강제수용 한 바 없고, 영보자애원은 형제복지원과는 달리 서울시 인권실태 조사에서 인권침해 사실이 없다고 확인되었다"라고 알렸다.

동부여자기술원의 운영

서울시립동부여자기술원은 성매매 여성들에게 악명 높은 곳이었다. 1981년 이곳에 수용되었던 한 여성은 당시의 기술원을 "동부여자기술원 정문 쪽에는 철문이 있고 나머지는 높은 흰 담으로 둘러싸여 있었으며, 담장 위로는 철조망이 놓여있었고 군데군데 초소가 있어 밖으로 나올 엄두를 낼 수 없는 구조"로 기억한다. 평소에도 통제가 심해 건물 안에서 자유롭게 이동할 수 없었고, 시설 수용자들은 급식 및 화단조경 등 노동에 투입되었다. 수용된 여성들이 "두 번, 세 번 들어오는 언니들이 2층에서 떨어지는 거 봤다"고 증언하고, "도망가다 잡히면 너 여기서 죽는다. 꿈도 꾸지 말라"는 말을 들을 정도로 시설의 분위기는 좋지 않았다.[20]

[그림2]처럼 동부여자기술원은 논밭 한가운데에 건설되었다. [그림4]에서 시설의 지형을 읽어낼 수 있는데, 대지의 경사가 가파르다.[21] 각 건물은 좁은 길과 계단으로 이어진다. [그림5]의 건물별 기능이 기입된 배치도와 [그림2]의 항공사진은 거의 동일해 건물별로 기능을 파악할 수 있다. [그림2]의 건물 배치를 보면, 왼쪽 상단에 진입로가 있고, 운동장을 지나 동측으로 가면 우측에 가로로 긴 건물이 세 채가 있다. 이 구역은 두께가 있는 담장으로 막혀 있다. 가장 북측의 건둘이 식당이다. 식당은 1층 박공 건물이었다. 식당 동측에는 옥상에 장독이 늘어선 창고가, 창고의 북측에는 축사로 추정되는 시설물이 담장 바깥에 있다.

---

20) 진실화해위, 앞의 글

21) 1980년에 작성된 도면철을 참조했다. 동부여자기술원 재산대장을 보면 다부분의 건물이 1969~70년에 신축되었고, 다장에 증개축의 기록이 없고 및 항공사진도 크게 변화하지 않는다.

식당 남측의 두 건물이 기숙사이다. 각 3층 건물로, 북측(낮은 곳)의 건물이 진관, 남측(높은 곳)의 건물이 선관이었으며 두 건물의 설계안과 바닥면적은 거의 동일하다. 이에 더해 목욕탕이 있었다. 막힌 담장이 있어서 기숙사와 부대시설이 하나의 구역을 형성한 것처럼 보인다. 담장에는 작은 흰색 박스가 붙어 있는데, 이것이 수용자가 증언했던 초소로 추정된다. [그림4] 화면의 중앙을 가로지르는 밝은색 벽이 담장의 일부인데 마찬가지로 담장 가장 높은 곳에도 초소처럼 보이는 구조물이 있다. 기숙사는 중복도식에 실이 나누어진 평면이며 방마다 여성이 거주했다. 흥미로운 것은 기숙사 도면 1층의 실별 정보로, 세면장과 의무실, 세균검사실이 표기되어 있다.

기숙사, 식당, 목욕탕은 담장으로 막혀서 하나의 구역을 이루었다. 이 구역으로 출입하려면 좁은 길을 지나게 된다. 이 구역으로 접근할 수 있는 길은 두 개가 있었는데, 북축의 길은 운동장으로, 남측의 길은 실습실과 교회로 이어졌다. [그림4] 담장의 우측에 라멘조에 벽돌로 마감한 건물이 실습동, 실습동 뒷편의 건물이 교회이다. 실습실은 기숙사동보다 건물의 크기가 작고 한 동뿐이라서 수용된 여성들에게 어떤 실습의 기회가 주어졌을지 질문하게 한다. 실습동 1층 평면도에는 원장실, 사무실, 숙직실, 상담실이 있었다. 2층과 3층의 기능은 실습실로 표기되어 있다. 교회는 2층 건물로, 1층에는 실습실이 2층에는 강당이 있었다. 허나 그나마의 대공간이었던 교회 2층 강당은 평소 잘 사용되지 않았다는 증언이 있다.[22] 교회와 실습실 바깥으로도 담장이 설치되어있다.

---

22) 진실화해위, 앞의 글

[그림4] 동부여자기술원 전경 사진(1980), 서울기록원 제공.

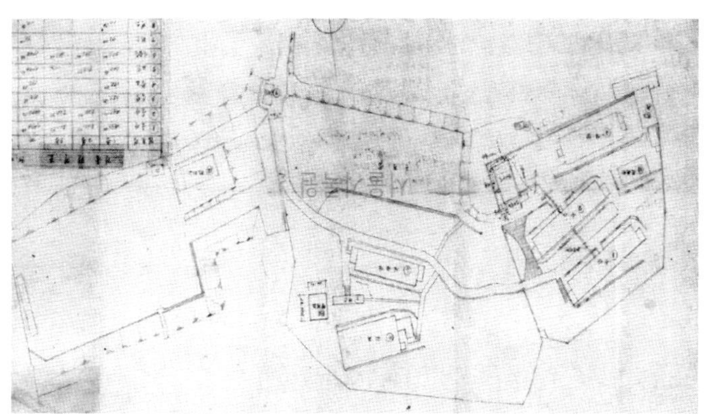

[그림5] 동부여자기술원 배치도(1979), 서울기록원 제공.
항공사진과 방향을 맞춰 북측이 상부로 오게끔 도면을 180도 회전했다.

동부여자기술원으로 출입할 수 있는 유일한 경로였던 정문에는
[그림6]의 수위실이 있었다. 수위실은 삼면이 유리로 처리되어 시
야를 확보했다. 주거동에서 나와 운동장을 가로질러 경계 밖으로
나간다면 수위실에서는 그 모습이 훤히 보였을 것이다.

[그림6] 동부여자기술원 수위실 사진(1980), 서울기록원 제공.

서울시립여자기술원을 비롯한 요보호여자시설의 폐지가 논의된
것은 1990년 중반에 이르러서다. 반성매매 활동이 확장되고, 시
설에 강제 수용되었던 여성들이 문제 제기를 시작했다. 불합리한
수용과 대우에 대해 소송이 제기되는 등 문제 제기가 계속되자 서
울시립여자기술원은 폐원된다. 제정된 후 큰 수정 없이 30년을 이
어왔던 윤방법도 폐지의 수순을 밟는다. 1995년 경기도여자기술
원 화재 사건으로 법률이 개정되어 윤방법상 강제 입소가 불가능
하게 된다. 윤방법 폐지를 향한 긴 투쟁도 이어진다. 집결지에서
화재가 발생했지만 성매매 여성이 차마 탈출하지 못하고 타 죽은

가연

대명동 화재 참사 및 개복동 화재 참사 등 비극적인 사건이 이어진다. 여성단체와 시민단체의 끈질긴 문제제기 끝에 윤방법은 폐지된다. 성매매특별법이 제정된 것은 2004년에 이르러서다.[23]

회복적인 건축 역사 서술을 위해

1969년 수서동 산 4-1번지에는 논밭이 펼쳐져 있다. 한국은 이제 산업화되기 시작한 후발 국가였고 여전히 농업이 생산량의 큰 부분을 차지했다. 1992년 수서동 산 4-1번지 북서측에는 아파트가 건설되고 있다. 산업화된 사회, 중산층 핵가족의 상징인 아파트다.[24] 이 사진을 보고 있으면 동부여자기술원이 가지는 지리적, 시대적 인접함에 섬짓해져버리고 만다.

[그림7] 1992년도 수서동 산4-1번지 항공사진, 국토지리정보원 제공

---

23) "감금된 업소서 화재에 숨진 여성들… 성매매 특별법 뒤엔 19명의 여성이 있었다", 「여성신문」, 2020.

24) 현재 수서동 산4-1번지에는 서울특별시 아동복지센터, 사회복지원, 여성보호센터가 들어서 있다.

　부녀보호지도소를 알게 되며 마음이 아주 힘들었다. 비판적인 자라면 인생에 한 번쯤은 지나가는 경로인 편집증과 환멸 사이를 오갔다. 의심이 불러오는 감정적 롤러코스터를 타면서 나는 폭력도 건축 역사에 포괄되어야 피해자뿐 아니라 비당사자도 자유로워질 수 있다고 주장하게 되었다. 주변화된 것들에 주목하는 작업은 '이거 왜 하냐'는 식의 무관심을 넘어선 무례함을 마주하곤 한다. 그러나 과거사의 해명은 피해자의 명예를 회복하고, 피해자가 보상받는 데서 끝나지 않고 피해당사자가 아닌 자에게도 신뢰라는 길잡이를 제공해 준다. 더 구체적인 역사 서술은 모두가 공범이라는 편집증과 다 똑같이 나쁘다는 환멸에서 벗어나서 더 정확하고, 올바르고, 회복적인 역사 인식을 가능케 할지 모른다.

　이 글은 먼저 서울부녀보호지도소의 분화를 지리적으로 살펴보았다. 부녀보호지도소는 부랑부녀자시설과 윤락여성시설로 분화되었고, 분화를 거듭할수록 도심에서 먼 곳으로 옮겨갔다. 또한 집결지에서 악명높던 동부여자기술원과 관련된 시각 자료를 독해했다. 건물 규모에서 동부여자기술원은 공간적으로 외부와 분리되어 있었다. 그중 동부여자기술원은 수용된 여성들의 증언과 상응하는 구조물이 설치되어 있었다. 서울부녀보호지도소의 분화와 확장이라는 단일 사례를 공간적으로 살펴보았음에도 불구하고 정상적 인간을 생산해 내고, 그렇지 못한 인간은 분리·낙오시키는 공간적인 전략을 독해할 수 있었다. 다만 이 글에서 감금과 분리에 대한 이론화를 시도하지 않았고, 열람한 자료의 양이 적은 것은 아쉽다. 각 시설의 정확한 위치를 찾고 자료를 추가 수집 및 분석하는 작업은 추후의 과제로 남긴다.

가연

서울을 중심으로 활동하는 장가연은 창작, 기획, 출판, 연구 등 분야를 가리지 않고 일해 왔다. 학부에서 건축학과 철학을, 석사과정에서 건축 역사·이론을 공부했다. 20세기 한국의 여성 건축가 연구를 정리하는 단계고, 최근 『경제개발5개년계획』의 일환이었던 『통신사업5개년계획』과 유무선 통신망의 건립으로 인한 공간적 변화에 대한 연구를 시작했다. 함께 작업하고 공부할 동료를 찾고 있다. jangflammable@gmail.com.

공간과 얽힌 돌봄의 지형

노고지리 노학연대팀 김한울 X 다예

"노동자가 유지하는 공간의 사용자에서, 이 공간이 어떻게 유지 되는가에 대한 상상력을 키워 [나가] 구조에 대한 고민을 떠올리는 몸으로 스스로를 재구성하는 마중물 … 노학연대다."[1]

노학연대 노동운동과 민주화 운동을 이끌던 1980년대를 경험하지 못한 세대에게는 노학연대는 다소 과격하고 생소하며, 마치 낡은 과거의 유산처럼 느껴지기도 합니다. 당시 학생들은 노동 현장 외부에서의 활동뿐만 아니라, 위장 취업을 통해 노동자와 함께 노조를 결성하는 적극적인 연대 활동을 전개하기도 했습니다.[2] 하지만 이후 신자유주의적 경제 체제가 도입되면서 노동운동은 점차 쇠퇴하고, 그에 따라 이런 활동도 힘을 잃게 되었습니다. 특히 코로나 팬데믹을 거치며 모임 자체가 어려워지면서 노학연대는

---

1) 김한울, "몸들이 만나는 곳으로의 초대 : 대학은 이런 곳이었다", 교지서강 Vol.86, 2024, 11~19쪽.

2) 김원, 김상숙, 김영선, 유경순, 이광일, 『민주노조, 노학연대 그리고 변혁』, 한국학중앙연구원출판부, 2017.

거의 소멸한 듯 보였습니다. 이런 시점에서 노학연대 이야기를 다시 꺼내는 것은 어쩌면 낯설게 느껴질 수도 있습니다.

그러나 코로나 이후 점차 재개되고 있는 동시대 대학들의 노학연대 활동은 이전과는 다른 모습입니다. 과거에는 학생들이 노동자들을 찾아갔지만, 요즘 노학연대는 학교 내에서 자연스럽게 마주치는 비정규직 노동자들과의 연대를 중심으로 합니다.[3] 이들은 학교를 청소하고, 경비하며, 시설을 관리하고, 학생들의 안전과 편의를 돌봅니다. 대학 시절 노학연대 활동을 하지 않았더라도, 마감 철이 지나고 나면 넘쳐나는 모형 폐기물을 치울 사람을 걱정하고, 화장실을 옆 창문 하나 없는 작은 휴식 공간에 문제를 제기하던 마음을 쉽게 떠올릴 수 있을 것입니다. 이러한 일상 속의 교류가 새로운 상상력과 연대를 통해 노학연대를 만들어나갑니다.

그렇기에 오늘날의 노학연대는 공간을 기반으로 한 돌봄과 연대가 어떻게 교차하고 깊어질 수 있는지를 보여주는 좋은 사례입니다. 이전의 노학연대가 먼 나라 이야기처럼 느껴졌던 '요즘 세대'도, 눈앞에서 우리의 공간을 돌봐주던 사람들과의 공감을 통해 연대의 가치를 새롭게 깨닫고 있습니다. 이번 인터뷰에서는 끊어졌던 노학연대의 활동을 다시금 이어가고 있는 서강대 노학연대의 김한울을 만나, 활동을 시작하게 된 계기와 외연을 확장해 가는 과정, 그리고 공간을 통해 이루어지는 연대의 이야기를 들어보았습니다.

---

3) 강남규, "[기고] 대학생과 노동자의 연대는 어떻게 가능했나: 노학연대 또는 대학 문화의 위기", 오늘의교육 69, 2022, 85~96쪽.

 노고지리 노학연대팀 김한울 X 다예

소개

SOFA: 서강대 노학연대와 구성원을 소개해 주세요.

김한울: 서강대학교 인권 실천 소모임 '노고지리' 내 노학연대 팀
입니다. 노고지리는 서강대학교 뒷산이 노고산이라는 점
과 김수영 시인의 '푸른 하늘을' 속 노고지리에서 따온 이
름이에요. 저희 팀은 다양한 전공을 가진 24학번부터 17
학번까지의 학부 및 대학원생 10명으로 학내의 시설[4], 경
비, 주차, 청소 노동자들과 연대하고 있습니다.

SOFA: 노학연대에서 각자 맡고 계신 주요 업무는 구체적으로 어
떤 것이 있나요?

김한울: 각자에 할당된 업무가 있다기보다 아직은 그때그때 되는
사람이 그때 해야 할 일을 쳐내는 상황입니다. 차차 이야
기하겠지만, 끊어졌던 연락을 잇는 일이 가장 컸습니다.
내부적으로는 투쟁 이후 학내 노학연대를 이어갈 전략을
개발하고 있고요. 학외로는 함께 순회 투쟁을 갈 수 있는
현장을 찾고 타 대학 노학연대체와 교류하며 전략을 공유
하고 있어요. 이 외에도 내/외부의 여러 회의, 협력하는 단
체들과의 사업 관리와 참여, 학내 노동자 식대 인상을 위
한 선전전과 서명운동, 기존 노학연대 기록에 관련된 세미
나 진행 등 다양한 활동을 하고 있어요.

---

4) 방재, 전기, 기계 등

SOFA: 어떤 계기로 노학연대에서 활동하게 되셨는지 궁금해요.

김한울: 이런 게 다 없어지고 있길래요. 2010년대 중후반까지 서강대학교 생활도서관 준비모임 '단비(당장은 비빌자리)'와 청소 노동자 연대 '맑음'이 있었습니다. 페이스북 페이지로만 남아있고, 후대를 찾지 못해 사라진 상태였습니다. 저도 이런 상황을 아예 몰라서 참여하지 못하고 있었고요. 2021년 1학기에 학내 언론인 교지서강에 놀러 들어갔다가, 알고 보니 운동성을 갖고 있는 단체들이 정말 사람이 없어서 사라지고 있다는 사실을 알았습니다. 이런 곳에 오래 남아있는 사람들이 늘 그렇듯, 큰 대의가 있었다기보다는 시설 유지 노동자와 시설 사용자 간의 만남이 교육적인 장으로 작동할 수 있는 유일한 곳이 아직은 대학이라고 생각했어요. 그래서 여차저차 코가 꿰어서 이렇게 됐습니다. 다행히 동지들을 많이 만나기도 했고요.

SOFA: 학생들이 왜 자신이 사용하는 공간을 돌보는 노동자에게 관심을 가져야 하는지 더 설명해 주실 수 있나요?

김한울: 공간을 유지하는 데에 어떤 일이 필요하고 어떤 사람들이 그 일을 하는지 상상하는 게 사회구조에 대한 상상력과 직결된다고 생각하거든요. 시설 유지 노동에 대해 생각하면 누가 이 공동체의 구성원이 될 수 있는지에 관심을 가지며 성원권이라는 개념을 자연스럽게 습득하게 되고요. 그래서 학내 노동자들이 학생들에게 스승 같은 존재라고 생각해 후배들에게 민주시민교육 느낌으로 노학연대를 자꾸 권하고 있어요.

노고지리 노학연대팀 김한울 X 다예

협업

SOFA: 서로 다른 배경의 사람들이 연대하는 노학연대이기에 협력이 중요하게 작용할 것 같아요. 연대의 외연을 확장하기 위해 협업하는 다른 단체들이 있나요?

김한울: 협업하는 단체는 정말 많습니다. 학내로만 한정하면 (사)김의기기념사업회(이하 의기회), 민주노총 공공운수노조 서강대곤자가국제학사분회, 여성노조 서울지부 서강대분회, 문화연대 이렇게 네 군데가 있습니다. 교외로 뻗으면 빈곤사회연대와 함께 작년부터 반빈곤연대활동을 함께 가기 시작했습니다. 노고지리를 처음 만든 19학번 두 친구가 플랫폼C라는 단체에서 만났던지라, 플랫폼C와도 지속적으로 교류하는 중입니다.

SOFA: 주된 협력 구조는 어떤 것인가요?

김한울: 아직은 구조랄 것이 없고 주먹구구 좌충우돌 식입니다. 저희의 첫 시작은 민주노총에 연락하는 것이었는데요. 민주노총의 경우 서울권역 대학사업장을 관리하는 조직차장님과 주로 연락하며 선전전 전략을 세우고 있어요. 의기회의 경우 한창 대학가를 중심으로 민중항쟁이 활발하던 시절 광주항쟁을 서울에 알리려다 산화한 선배님을 기리는 사업회입니다. 당장 공간이 부족한 문제를 사업회에서 사무실을 대여받아 해결 중이고, 사업회 차원에서 재학생 대상으로 공모하는 사회적 가치 프로젝트 등을 신청하여 재정도 어느 정도 충당 중입니다.

한번은 저희 구성원이 냅다 여성노조(서울지부 서강대분회) 사무실 문을 두들기고 생애사 인터뷰를 해서 교지에 실었습니다. 그 후로 분회장님과 명함을 주고받은 후 직접 소통하고 있습니다. 그리고 정기적 간담회, 후원주점 참여, 민들레 장학금[5] 재개를 위한 전략 구성 등을 지속적으로 함께하고 있습니다.

문화연대의 경우 노동자들의 스포츠권 회복을 위한 '호호체육관' 프로그램을 맡은 활동가님께서 다른 시민사회 단체에 속해 있던 서강대학교 학생을 찾아 연락해 주셨고요. 특히 학내 노학연대의 경우, 협력 구조라기보다는 노동자 동지들을 계속 귀찮게 만드는 전략을 취하고 있습니다. 협력 구조 구축 및 역량 강화와 연락처 인수인계에 대해 매일 고민만 하고 있습니다.

SOFA: 고민만 한다고 말씀하신 것치고는 정말 다양한 협업을 이어 나가고 계시는데요, 협업으로 얻는 점과 아쉬운 점은 무엇이라고 생각하시나요?

김한울: 협업으로 얻는 점은 아무래도 계속 의제가 확장되고 할 일과 시위가 산발적으로 늘어나는 가운데, 임원진이 일일이 활동을 기획할 필요 없이 차려주신 밥상에 학생들을 데려갈 수 있다는 점이고요. 외부 단체가 저희에게는 예전 대학의 모습을 배우고 운동 역량의 인수인계를 다시 이어

---

5) 서강대 여성노조 조합원들이 한 학기 100만 원씩 노학연대 참여학생을 대상으로 지급하는 장학금

나갈 창구가 되어준다는 점이 큰 장점입니다. 단절이라기보다 아쉬운 점이 있어요. 연결 단위가 많은 만큼 모든 급해 보이는 시위들이 자꾸 눈에 들어오다 보니 다 나가고 싶어도 정말 다들 시간과 돈이 없거든요. 그러다 보니 저희끼리 지지고 볶고 난장 토론을 벌일 시간 자체가 줄어드는 게 아쉽습니다.

SOFA: SOFA와 노학연대가 협력할 수 있다면 저희가 어떤 기여를 할 수 있을까요? 구체적인 예시나 제안이 있으신가요?

김한울: 빠른 시일 내 가능한 것은 학내 노동자 실태조사 결과를 받아보신 후 전략 개발을 같이 하는 것입니다. 서울권 대학생들이 이번 2024년 2학기(9~12월)에 대략 열 군데 정도 학내 노동자 실태조사를 할 예정입니다. 실태조사다 보니 생애 경로보다 말 그대로 노동환경에 대해 많이 여쭈게 될 것 같아요. 결과보고서가 나오면 열람하신 후 이에 기반해 민주노총 공공운수노조 서울지부 및 전국여성노조 서울지부와 함께 건물 개보수 및 환경개선에 대한 대안 제언을 함께 해 주실 수도 있을 것 같습니다.

실태조사 진행 시 건축인이 함께 다니며 도면을 그려보는 방법도 있습니다. 서강대 말고 다른 학교 휴게실들은 훨씬 좁고 열악한 곳이 많으니, 도면을 통해 1인당 가용면적이 얼마나 되는가를 드러낼 수 있을 것 같아요. 서울대의 경우 건축과에서 휴게 공간을 도면으로 분석한 논문이

나오기도 했고요.[6] 너무 거시적이라면 가볍게 학생과 함께 노동 동선을 그려볼 수도 있을 듯한데, 아직 학생들의 역량이 부족해 프로그램 개발이 잘 안되는 상황입니다.

공간

SOFA: 현재 파악하고 계신 학내 노동자들의 휴식 환경은 어떤가요?

김한울: 서강대에 한정해서 말하면, 본 캠퍼스에 담당하는 건물마다 청소 노동자 휴게실이 있습니다. 보통 바닥에 앉아 휴식하시니, 바닥에 보일러가 들어오고요. 에어컨과 냉장고는 기본으로 구비돼 있습니다. 휴게실 별로 조금씩 차이가 있는데, 수도가 들어와 싱크대가 있는 휴게실도 있습니다.

최신 건물일수록 설계단계부터 청소 노동자 휴게실이 포함돼, 휴게실 상태도 조금 더 좋습니다. 공간 자체가 너무 좁거나 환기가 안 되는 경우 용역업체와 함께 학교에 건의해서 같은 건물의 다른 호실로 휴게실을 변경한 적도 있습니다. 교내 여성노조 서강대분회가 21주년을 맞이할 정도로 끈끈한 결속과 지속적 협상을 이어왔기에 이러한 실질적 개선이 가능했다고 봅니다.

주차·경비·시설 노동자의 경우, 청소 노동자와 달리 담당

---

6) 김민지·최춘웅, "대학 청소 노동자 휴게 공간의 폐쇄성, 비가시성, 임시성-캠퍼스 공유재 개념을 기반으로", 대한건축학회논문집 39권 2호, 2023, 129~140쪽.

건물은 없고 연락이 오면 출동하시는 형태입니다. '영선실'이라고 한 건물 지하에 큰 교내 휴게실 하나가 있다고 합니다. 안에 냉장고 등이 구비돼 있다고 해요. 90학번 선배님도 같은 건물의 영선실을 알고 계셨던 걸 보니, 오랫동안 그곳을 쭉 휴게실로 사용하신 것 같습니다. 본 캠퍼스 남성 노동자들의 경우 조직화가 잘되지 않아 수렴된 의견을 들어본 적이 없네요. 학교법인이 아닌 유한회사가 위탁 운영하는 국제학사의 경우, 청소 노동자 이외 경비·주차·설비 느동자의 휴게실이 가장 열악하다고 합니다. 노동자들이 샤워실을 보일러실에 자체적으로 설치해서 사용 중인데, 보일러실이라 난방이 들어오지 않으니, 겨울에는 사용이 어렵습니다.[7]

SOFA: 학내 노동자가 사용하는 공간에서 특히 개선이 필요한 점이 있다면 무엇인가요?

김한울: 공통적인 개선 필요점은 샤워실 및 세탁실 설치입니다. 아무래도 육체노동이다 보니, 일과 중 땀이 너무 많이 나서 퇴근 때 대중교통에서 체취 때문에 눈치가 보인다시더라고요. 교내 샤워실이 몇 군데 있긴 하나, 겨울학기 오전 9시~오후 6시 사이를 제외하면 온수가 나오지 않습니다. 샤워해야 하는 시기는 보통 봄~여름인데 온수가 나오지 않으니 샤워 자체가 불가합니다. 온수 문제가 해결돼도, 학생들과 함께 사용하는 화장실 내에 자리 잡고 있다 보니

---

7) 송민경, "곤자가 노동자들은 보일러실에서 씻고 있다", 서강학보, 2022.04.10.

사용이 곤란하기도 하고요. 온수 문제에 관해 학교 측과 대화해 본 적이 있는데요, 10층이 넘는 건물 전체가 중앙 제어 방식으로 냉난방하므로 비용 문제 때문에 여름에 온수 작동을 풀어놓기는 어렵다는 답을 받았습니다. 세탁실도 마찬가지 이유로 필요하다고 들었습니다.

SOFA: '여성' 노동자로서 일하는 공간에서 특별히 고려해야 할 점은 무엇인가요? 예를 들어, 휴게 공간이나 화장실 시설 등에서 여성 노동자가 특히 불편함을 느끼거나 개선을 요구하는 점이 있을까요?

김한울: 이번에 여성노조 서강대분회에 여쭤본 한에서는 없다고 하셨어요. 특히 서강대분회의 경우 학내 여성 노동자 100%가 가입해 있을 정도로 조직이 워낙 잘 돼 있어서 바로바로 용역업체와 대화와 협상을 하셔서요. 제가 판단하기에는 샤워실을 학생들 동선과 약간 떨어진 곳에 적절히 설치해야 하는데, 그 점이 제일 고려해야 하고 해결도 어려운 문제 같아요. 샤워실 설치, 그리고 설치한다면 어디에 설치할 것인가 문제요. 학교를 사측이라고 통 쳐서 지적하기엔 실제로 공간과 대학 예산이 전반적으로 부족한 게 사실이라서요.

SOFA: 그동안 노동자들과 공간에 관해 소통한 구체적인 경험이 있으신가요?

김한울: 본 캠퍼스 이외에도 곤자가 국제학사(이하 국제학사) 내 민주노총 공공운수노조 서경지부 서강대분회가 있습니다.

여기에는 청소 노동자뿐만 아니라 주차·경비·시설 노동자
도 모두 소속돼 있어요. 청소 노동자와는 한 차례 간담회
때 공간 관련 이야기를 짧게 나눈 적 있고[8], 국제학사 경비
노동자와는 이전에 학보사에서 했던 인터뷰가 남아있어
이를 기반으로 짧게 얘기 나눈 적 있습니다. 앞서 말씀드
렸듯, 청소 노동자들의 경우 공통으로 "다른 학교 청소 노
동자들이 우리 휴게실 놀러 오면 호텔이라고 한다."고 말
씀하셨어요. 반면 국제학사 경비 노동자들의 경우 남성 휴
게실 및 샤워실 설치 미비에 대해 지속적으로 용역업체 측
에 요구 중이나 개선이 전혀 되지 않는다고 말씀해 주셨습
니다. 현재 국제학사 소속 서강대분회 분회장님꺼서는 제
가 교지 소속일 때, 학내 언론사들이 위치한 층으로 무작
정 찾아오셨어요. 학보사에서 이전에 곤자가 국제학사 노
동자 시설 문제를 다룬 기사를 찾으러 오신 거였는데요.
그때 학보사가 닫혀 있고 교지실은 제가 상주하고 있었기
에 우연히 만나게 됐습니다. 기사를 검색해서 출력해 드렸
는데, 그때 휴게실 말씀을 제일 많이 하셨어요. 남성 노동
자 휴게 공간이 너무 부족해 불편하다고요.

SOFA: 여성 노동자의 경우 모여서 목소리를 내고 있기에 좋은
환경을 만들어나갈 수 있었던 반면, 남성 노동자의 경우
조직화가 잘되지 않아 공간도 미흡하다는 이야기가 인상
적이네요. 그렇다면 노학연대에서 학교 공간 개선을 위해

8) 서강대 인권슬 천모임 노고지리, "서강대 | 노동자-학생 연대 복원을 위한 첫
발을 내딛다", 플랫폼C, 2023.06.24.

하고 계신 활동이 있나요? 지금까지의 성과나 앞으로의 계획에 대해 말씀해 주세요.

김한울: 솔직히 공간 개선에 대한 성과는 없습니다. 아무래도 앞선 투쟁 및 청소 노동자 조직 과정에서 특히 휴게실 문제를 쟁취해 냈기 때문에요. 2020년까지 청소 노동자 연대 기구 '맑음'이라는 단체가 교내에 있었는데, 공간보다도 연대활동에 주력한 걸로 보입니다. 지금까지 공간을 저희가 연대 투쟁으로 변화를 만들 수 있는 지점으로 미처 생각 못 한 것도 사실입니다. 힘이 너무 미약해졌으니까요.

앞으로의 계획은 우선 학내 노동자 휴게실 전수 방문 및 조사가 있습니다. 물론 전수 조사는 어려울 것 같긴 하지만요. 특히 국제학사 남성 노동자 휴게실을 자주 가 보려고 합니다. 국제학사 샤워실 증축 및 남성 노동자 휴게실 증가라는 구체적 요구안이 있는 만큼 어떻게 관철할 수 있을지 노고지리 및 분회장님뿐만 아니라 민주노총 등 이전 활동가들에게 전략에 대한 조언을 구하러 다녀야 할 것 같아요.

SOFA: 학내 노동자의 처우와 환경이 좋아진다면, 노학연대의 이후 활동은 어떻게 상상하고 계신가요?

김한울: 문화연대에서 진행하는 호호체육관도 이 질문과 같은 문제의식에서 출발한 프로그램입니다. '투쟁 이후의 연대는 어떻게 할 것인가?'에서요. 특히 서강대의 경우 이 질문이 현재진행형입니다. 현재로서 내릴 수 있는 답은

 노고지리 노학연대팀 김한울 X 다예

호호체육관처럼 학내 노동자가 공간 뒤가 아닌 공간 안으로 성원권을 갖게 하는 프로그램을 더 개발하면 좋겠다는 것입니다. 그리고 더 멀리 봤을 때는, 서울권 대학 노동자들의 환경이 전부 만족할 만한 상황이 되건 더 열악한 노동환경에 있는 사람들을 찾아 연대를 확장할 전략을 모색하고 함께 싸우지 않을까요?

SOFA: 서강대 노학연대의 돌봄과 조직화 경험은 SOFA를 비롯한 다양한 단체들이 더 나은 미래를 상상하고 실현해 나가는 데 있어 중요한 참조점이 됩니다. 주변을 살피는 관심과 상호 협력을 통한 연대의 노력이 모여, 돌봄의 지형이 다양한 단체와 활동으로 더욱 넓게 뿌리내리기를 기대합니다.

나를 살피기 ——

어른아이: 나를 일으키는 힘

김재희

먼저 밝히자면, 나는 돌봄을 엄청나게 좋아한다. 매우, 무진장, 아주 많이 좋아한다. 무슨 뜻이냐면, 나는 누군가가 나를 지켜봐 주고 응원해 주며 잘 살아가도록 옆에서 동력이 되어 주는 돌봄을 좋아한다. 인간은 태어나서부터 누군가에게 돌보아진다. 그리고 부모와 그에 준하는 어른들로부터 애정과 관심을 받으며 아이는 자란다. 성인이 된 후에는 사랑을 나눠주고 타인을 돌봐주며 살아간다. 그러나 이 글에서는 나 개인의 차원에서 이뤄진 돌봄 투쟁의 여정과 얻어낸 결과어 관해서 이야기할 것이다. 내가 살아온 과정에 대해 자서전을 써도 모자라겠지만, 이 글을 위해 요약하자면, K-장녀로서 부과되는 부담감과 책임감을 몸소 느끼고 살다가 20살을 기점으로 견디기를 포기했다.

내게 기억이 있는 시점에서부터 나는 항상 누군가를 돌보는 역할이었다. 나에게는 5살 어린 남동생이 있고, 남동생이 태어나면서부터 내 것을 자연스럽게 양보하게 되었다. 동생이 있는 사람이라면 공감할 것이다. 어른들로부터 받는 애정과 관심이 분산되고, 내가 받아야 했을 것들이 빼앗기는 기분 말이다. 기본적으로 나의 성질은 욕심과 질투가 많다. 설날에 용돈을 받는다 해도 당연히! 내가 더 많이 받았다. 하지만 그 용돈이 균등해지고 동생과 애정과 관심을 나눠 받아야 한다는 것을 깨달았을 때는 매우 실망스러웠다(그렇게 좋아하는 동생이지만서도, 여전히 짜증이 난다). 아니, 머리로는 알지만 마음으로는 여전히 받아들이지 못하는 것 같기도 하다. 지금도 동생에게 질투를 하니… 이 점을 알게 된 어머니는 최근에 아는 어른이 용돈을 전해달라고 5만 원을 주었을 때 나에게는 25,100원을, 동생에게는 24,900원을 입금해 주었다. 이 점은 아주 만족스럽다. 나는 100원이라도 내가 더 많이 가져야 만족하기 때문이다(좀생이 같아 보이지만 사실이다).

우리 집에는 총 6명의 가족이 산다. 동생과 나를 제외한 모두가 성인으로, 말하자면 4명이 아이 2명을 돌보았다. 막내인 동생 입장에선 나까지 포함해 집에 꼰대가 5명이나 있는 상황이다(불쌍한 것. 받아들이거라). 하지만 동생은 알아서 잘 자랐다. 아직도 군대를 안 갔지만, 알아서 자기 살길 찾아 잘 살고 있는 듯하다. 그에 비해 나는 있는 힘껏 집에 비비고 있는 중이다. 사실 가족들은 아직 사회에 나가지 않은 미숙한, 서른이 다 되어가는 아이를 돌보고 있다. 집에 붙어 있으면 누군가가 빨래도 해주고, 밥도 해주고, 설거지도 해주며 주유비나 병원비까지 모두 챙겨준다. 물론 현재 나의 경제적, 사회적 상황상 독립이 어렵다는 이유도 있을 것이다. 사실 가족들은 서른이 다 되어가는 아이를 돌보고 있다. 여기까지 오는 데에는 여러 사건이 있었다.

김재희

　20살 어느 무렵, 나는 돌봄 받기를 선언했다. 밀린 어리광을 부려야겠노라, 못 받은 애정을 받아야 하겠노라고 선포했다. 아이 때 유달리 어른스러웠던 그 아이, 스무 살 아기가 되었다. 동생이 생기고 나서 돌봄을 양보하는 것이 익숙해지고, 나보다 동생을 우선시하는 집안 분위기에 나는 그다지 어리광을 부리면서 자라지 못했다. 이런 한은 대한민국에 사는 장녀들이라면 누구나 느꼈을 것이다. 그리고 나 또한 그렇다. 그냥 그렇게 살아갈 수도 있었다. 하지만, 나는 가족 전원에게 지금껏 받지 못한 사랑을, 받아야 했던 애정을 내놓으라고 요구했다. 가족들은 너도 똑같이 사랑했노라고 당황했다. 하지만 나는 그건 내가 원하는 방식과 양과 질의 사랑이 아니었다고 고백했다. 어째서 솔직하지 못했던 태도와 과격한 표현들이 사랑이냐그 되물었다. 그렇게 가족과의 사랑 다툼(?)이 시작됐다. 나에겐 일종의 가족 갱생 프로젝트의 시작이었다.

　질병을 진단받게 되면서 어머니는 딸의 소중함을 깨닫고 내가 독립적인 인간임을 인정하셨다(매우 흔치 않게도. 나도 이것은 행운이라 생각한다). 그렇게 길고 긴 여정이 시작됐고 서로에게 붙은 불필요하게 끈적거리는 감정적 유착을 끊어내기까지 최소 2년 정도 시간이 걸렸다. 나는 밖에서는 열심히 수업을 듣는, 멋진 건축학과 학생으로 살았다. 하지만, 이 사람 과연 집에서는 어땠는가? 완전 영유아 아기였다. 나는 시도 때도 없이 엄마를 찾았고 가족들은 나와 놀아줘야 했다. 우르르 까꿍부터 시작해 무슨 일이 있으면 애정을 쏟아부었다. 완전 우쭈쭈 둥가둥가였다. 다들 다정하고 부드러운 사랑의 표현을 낯설어했다. 이는 차차 서로 합의를 해나갔다. 예를 들면 예전의 어머니가 자신이 딸에게 입히고 싶은 옷을 막 사 왔다면, 이제는 딸에게 돈을 주고, 딸이 사고 싶은 옷을 사고 어머니가 딸의 패션을 받아들이기… 아버지는 자신이 집에 돌아오면 반겨줬으면 좋겠다고 하여 퇴근하고 돌아오면 포옹을… 동생과 나는 팔짱 끼고 비밀을 만들었다. 그리고 빠르게 채워지는 애정을 받으면서, 나는 어린아이가 나이를 먹듯이 다음 단계의 사랑을 요구했다. 가족 간의 스킨십 또한 많아지고, 밖에서 있던 일을 신나게 얘기하면 가족들은 서로의 편이 되어서 같이 욕하고 즐거워했다. 어머니 회사에 이상한 사람, 서로에게 괴상한 친척, 나에게 인신공격하던 모 교수, 일하면서 즐거웠던 일, 고양이를 만난 일, 새로운 사람과 즐거운 대화를 한 일 등등. 그렇게 몇 년을 지나면서 못 받았던 애정, 돌봄, 관심을 받고 나니 비로소 갈증이 조금씩 해소되었다. 이 갈증은 나뿐만 아니라 가족 모두에게 조금씩 해소된 것 같다(그도 그럴 것이 타인과 자신에게 친절해지고 조금 더 애정을 베풀 줄 알게 되었다).

그래서 내가 못 받았던 사랑을 받은 것이 돌봄과 무슨 상관이냐고? 일종의 애정 집중 관리를 받고 나니, 돌봄 받기 전으로 돌아갈 수 없는 몸이 되었다. 그리고 내 돌봄(care)은 가족과 개인의 차원에서 변화였지만 누구나 돌봄을 누릴 수 있어야 한다는 얘기를 하고 싶다. 돌봄에는 애정과 관심, 그리고 어느 정도의 무심함, 존중 등이 포함되어 있다. 나는 집이라는 인큐베이터 안에서 쑥쑥 자라났다. 그 안에서 나는 공주가 되었다.[1] 그러면서 알게 되었다.

---

1) 여기서 말하는 공주(princess)란, 현대에 와서 공주라는 의미는 '남의 손을 빌리지 않고 고상하게 앉아만 있는 여성'이 되어버렸고 이 글의 맥락에서는 그러한 뜻을 따른다. 필자의 생각과는 다른 개념임을 밝힌다.

김재희

‘아 돌봄이라는 거… 너무 좋은데? 이걸 모르고 살았다고?’ 생각하게 되었다.

그렇게 나는 집 안에서 받는 사랑을 밖에서도 요구했다(물론 그걸 당연하게 생각하거나 무작정 애정을 삥 뜯은 것은 아니다). 애정을 삥 뜯는 방식은 다양했고, 가족에게 먼저 실험해 보고 밖에서 실천했다. 그러면서 나는 점점 더 ‘언니’, ‘선배’와 같은 연장자들이 나를 대하는 방식에 골몰하게 되었다. 그들은 여성으로서, 연장자로서 나를 기본적으로 귀여워했다(너무 감사하게 생각하고 난 여전히 이걸 즐기고 있다). 그리고 나는 그들이 주는 애정을 마다하지 않았다. 나는 여기서 더 나아가, 더 사랑받을 방법을 고민했다. 함부로 판단하지 않는 것, 모르면 바로 물어보는 것 등 단순히 애교를 부리거나 하는 게 아니라 나 자신도 발전하는 것, 한편으론 그냥 평범하게 기본적으로 할 수 있는 것들을 했다. 그러다 보니 집 바깥에서도 자연스럽게 인정받았고, 나의 인정욕구는 조금씩 채워졌다(물론 언제나 갈구하는 것이지만). 집 안에서는 가족이, 밖에서는 언니들이 날 돌봐주었다(물론 좋은 남성 선배도 있다). 그리고 나는 학교에서, 일에서 쉽게 ‘막내’가 되었고 그 포지션이 주는 달콤함에 취했으며 사실 지금도 취해있다. 솔직히 말해 이 달콤함에서 깨어날 생각이 없다.

이렇게 받은 돌봄은 나도 누군가를 돌볼 수 있는 여력으로 이어진다. 성인이 된 내가 영유아 아기로, 공주로 다시 태어나면서 가족들은 나에게 어떤 성인의 자격, 할 수 있음, 신뢰에 대해서 조금 의구심을 가진 듯했다. 하지만, 이 점은 순식간에 뒤집어졌다.

때는 작년 여름, 햇빛이 쨍쨍 내리비치고 에어컨 없이는 버티기 너무 힘든 날씨가 이어지던 중에 돌풍과 집중호우가 쏟아지는 날이었다. 우리 집 옆에는 약 150년이 된 잣나무가 있었다. 가을이면 할머니와 청설모가 서로 잣을 가져가겠다고 투닥거리는 나무였다. 그 나무가 부러져 지붕을 덮쳤고, 나무가 쓰러지면서 인터넷 선, TV 케이블, 전선 등이 모두 끊어졌다. 지붕에서는 비가 새서 전기를 쓰거나 불을 켤 수 없는 상황이었다. 이 상황을 집안에서 공주인 내가 처리했다. 다행히도 나는 아직 집에 비비고 있는 대학원생이고, 마침 한가한 방학인 데다, (공부 빼고) 할 일이 무진장 없었기 때문이다. 나는 전화를 여기저기 걸어서 나무를 치워 달라고 하고, 지붕 보수를 의뢰했으며, 모든 인터넷 선과 케이블을 살리기 위해 기사님들과 연락했다. 촛불을 켜놓고 30분 가량 KT의 전화를 기다리며 집안을 진두지휘했다. 가족들은 이런 나의 모습을 보고 '공주는 공주인데… 조금 신뢰가 가는 공주'로 지위를 격상시켜 준 듯하다. 지금껏 아무것도 할 줄 모르는 것 같던 아이가 재난 상황을 빠르게 해결했기 때문이다. 특별한 상황이었지만 나도 누군가를 돌볼 힘이 있다는 것을 깨달았다. 그간 받아온 애정은 나에게 스며들어 타인에게 자연스럽게 행하고 있었고, 이제는 가족들이 기댈 수 있는 사람이 되었다.

나의 이야기는 지극히 개인의 차원에 있다. 그러나 사회적, 국가적 돌봄도 개인에게서 출발한다. 우리가 피부로 느끼고 직접 받는 돌봄은 개인의 차원에서 더 쉽게 느껴진다. 사회와 국가가 그 구성원들을 돌봐야 하는 것은 당연하지만, 공동체라는 개념 역시도 개인으로 이뤄진 것이 아닌가. 학교, 사무실, 개인 간의 연대 등 우리는 모두 서로에게 기대고 도움받으며 살고 있다. 자신이 할 수 있는 테두리 안에서 조금씩 실천해 보자. 돌봄에는 포옹, 손잡기, 팔짱 끼기의 스킨십도 포함되지만, 타인의 생각을 먼저 물어봐 주기, 타인을 있는 그대로 지켜봐 주기, 그가 하고 싶은 걸 하도록 도와주기도 있다. 돌봄이라는 것은 그렇게 대단하지 않다고 생각한다. 조금만 배려한다면 누구나 할 수 있다. 우리는 서로가 필요한 존재이듯 서로가 가장 쉽고 먼저 돌봄을 행할 수 있는 상대이기도 하다. 당신이라고 돌봄을 받지 말아야 하는 이유가 있는가? **우리는 누구든 돌봄을 받을 자격이 있고, 누구나 돌봄을 요구할 권리가 있다.**

사업관리본부 최차장[1]의 근황

최지원

조직 개편

하루라도 PF(Project Financing) 위기라는 말을 안 들으면 서운했던 시기에 조직 개편이 있었다. 성적이 떨어졌을 때 책상 정리를 다시 하면 좀 나을까 싶어 방을 뒤집으며 정리하듯, 회사에서도 실적이 안 좋다 싶으면 기존 조직 구조를 정리하곤 하니까. 이번 개편은 회사 초기화 같았고 나 역시 새로운 본부에 배치되었다. 내가 원래 속했던 본부 이름에는 '개발'이 들어갔는데 새로운 본부 이름에는 '관리'가 들어갔다.

---

1) 최차장은 현재 시행사(Developer, 부동산 개발사업을 시행할 때, 사업 전 과정을 책임지고 관리하는 회사)에서 약 3년 정도 개발사업 실무를 맡고 있다. 그전에는 약 10년 정도 건축설계와 건축컨설팅 업무를 해왔다. 시행사에 발을 들이게 된 건 건축과 금융, 마케팅 등 다양한 것을 모두 다루고 싶은 야심이었다. 그러나 얼굴 어딘가에 건축설계라고 써놨는지, 회사는 건물이 설계되고 지어지는 과정을 최차장에게 맡긴다. 은근히 상사 말을 잘 듣는 스타일이기도 하고 월급을 받기 위해 열심히 일한다. 다행히 요즘 야근은 하지 않는다. 건축과를 졸업하고 약 10년간의 건축설계 여정을 「SOFA」 4호에 게재했다. 5호에는 시행사를 다녔던 3년 동안 보고 겪은 개발사업 속 건축과 본인 사이 일을 기록하며 이 책을 본인의 커리어 정리용으로 사용하고 있는 것 같다.

'부동산 시장이 어려울수록 새로운 개발보다 보유 중인 자산이나 잘 관리하는 게 낫다.'라며 엄중한 말투로 이야기하는 사람이었던 나지만 막상 그 '관리'가 내 명함에 새겨지니 시작부터 지겨워 피하고 싶었다. 힘든 상황 속에서도 나는 뭔가 재밌어 보이는 '개발' 팀에 계속 있고 싶었던 것 같다. 내 의사와 관계없이 자리도 바뀌고 조직도 바뀌었다. 새로운 관리본부 팀원들과 함께 첫 본부 미팅을 위해 회의실에 둘러앉았다. 어색한 적막을 깨는 본부장의 첫 문장은 "앞으로 모두 스스로를 스페셜리스트라고 생각하지 말고 제너럴리스트라고 생각하고 일했으면 좋겠다."였다.

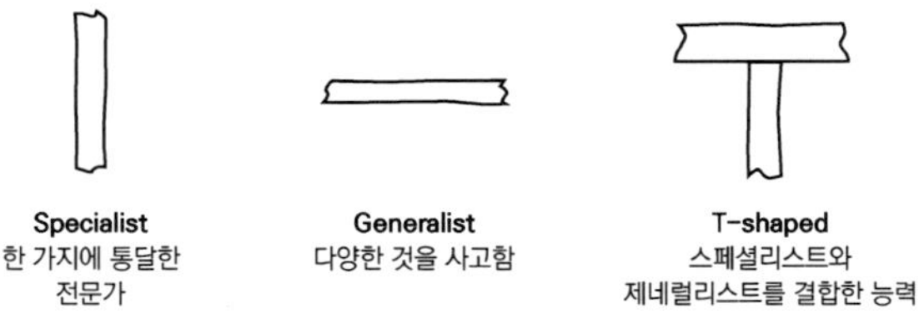

스페셜리스트, 제너럴리스트, T자형인간[2]

나는 커리어 대부분을 제너럴리스트 성격으로 채워온 사람이 하는 말을 의심하며 듣는 편인데 어떤 분야를 깊게 해보지 않고 관리만 하는 사람이라 생각해서 그런 것 같다. 그리고 스페셜리스트로 평생 살아온 사람에겐 내심 질린다. 누군가 '내가 이 바닥 경험 20년 이라 잘 아는데…' 라고 말을 시작한다면 나도 모르게 시계를 보게 된다. 그러니까 한때 유행했던 T자형 인간이 되라며 제너럴리스트에게 스페셜리스트가 되라고 하거나, 스페셜리스트에게

2) 스페셜리스트: 특정 분야에 깊이 있는 전문지식을 가진 전문가
제너럴리스트: 여러 분야에 폭 넓은 지식을 가진 유연한 전문가
T자형인간: 1990년 쯤 맥킨지와 같은 컨설팅 회사에서 주로 사용되기 시작했다. 다양한 프로젝트에서 성공을 거두는 데 필요한 인재로 설명된다.

　　　　　　최지원

제너럴리스트가 되라고 했으면 쉽게 알아들었을 것이다. 그런데 이미 제너럴리스트 집합체인 시행사 직원들에게 이게 무슨 당부인지 김이 샜다. 때르 깊은 생각은 통장에 꽂히는 월급을 멈추게 할 수 있으니 본부장님이 시키신 대로 제너럴리스트로 세팅 값을 맞추고 자세를 고쳐 앉아 앞으로 시키실 일을 경청했다. 새로 배정된 관리본부의 주된 업무는 '착공 이후 단계 사업관리를 하는 일'이라고 했다.

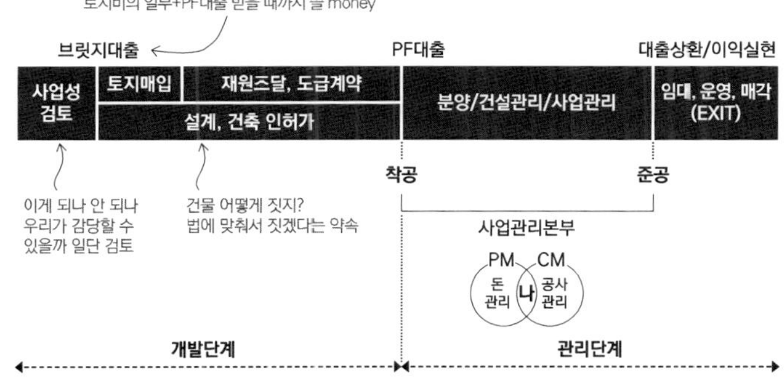

부동산 개발사업 프로세스[3]

그러나 몇 달 지난 현재, 정해진 대로 착공 이후 일만을 다루지는 않는다. 여러 프로젝트가 출발점이 다른 상태에서 맞물려 돌아가고 회사 내에 설계 관리자는 현재 나밖에 없어 사실 닥치는 대로 이 부분 저 부분을 다룬다. 위 그림처럼 나눴다고 해서 착공 후 업무만 맡게 될 줄 알았던 건 아니니 괜찮다. 그래도 회사에서 사용한 조직의 형태를 나누는 방식 자체가 흥미로웠다. 시행사에 입사한 뒤로 지금까지 내가 맡은 포지션이나 하는 일을 명확하게

---

3) 이 글에서는 부동산 개발사업 전 과정을 개발본부가 하는 개발단계와 관리본부가 하는 관리단계로 나누었다.

규정하기 어려웠고 프로젝트마다 관여하는 부분이 달라 하루하루 주어지는 일을 그저 해야할 목록(to-do list)에서 삭제하는 방식으로 시간을 보냈기에 조직 구성 방식에 흥미를 느낀 것 같다.

내가 시행사에서 해온 일은 디자인과 인허가 과정을 관리하고, 자금 집행 시기엔 비용을 검토하는 정도의 일, 그 외에는 간간이 들춰봤다가 발견한 다양한 문제들의 해결 방안을 생각하는 일이었다. 간략한 단어보다는 이렇게 문장으로 설명해야 하는 다소 불규칙하고 규정하기 애매한 일을 처리하며 3년이 흘렀다. 그러다 보니 회사에서도 이렇게 프로세스별로 조직을 나누면서, 명확하지 않은 업과 주변의 일을 규정짓는 많은 고민을 했을 거란 생각을 했다. 이 구조를 활용해서 나도 정리를 해보고 싶어졌다.

더불어 시행사에서 3년을 보낸 현 시점도 꽤 유용하다. 지금이 건축설계업에서 부동산 개발사업에 진입한 지 얼마 안 되어 내 일을 타인의 일처럼 한 발 떨어져서 바라볼 감각이 아직 남았다고 나름 정의 중인 시기이다. 현 시점에 회사에서 만든 프로세스 기준으로 나눈 조직 구조를 활용하여 정형화하기 어려운 조직 구조 속 개발사업이 만드는 건물과 그 일을 돌보는 나를 기록해 보기로 했다.

1. 시행사 3년, 정신적 변태(變態)를 겪음

부동산 개발사업으로 지어지는 건물들과 디벨로퍼가 건축물을 대하는 태도를 처음 접했을 때 낯설었던 기억이 남아있다. 건물을 직접 사용하려는 목적보다는 매각이나 임대하기 위한 용도로 건물을 짓는다거나, 건물을 ○○리츠, ○○호펀드라고 부르는 게

　　　　　　　　최지원

거슬렸다. 건축주-설계자 구도가 꽤 불균형해 보이기도 했는데 개발사업으로 지어지는 건물은 너무 많은 건물 주인이 생기는 구도였다. 건물 주인이 많아질수록 건물의 가치는 공정하고 합리적으로 세워질 것 같지만 오히려 건물 짓는 과정과 건물 사용자의 거리는 멀어져 많은 무책임의 합계는 제로가 되는 느낌이었다. 그 무리에 속해 '최소한의 도리만 지키면서 지어지는 건물을 만드는 일'에 동조했고 미약하게 죄책감도 들었다. 이제까지 길러온 건축과 도시를 바라보는 힘을 최대한 아껴야 하는 상황에 놓인 현실이었다. 대형 건물을 짓는 일에 물리적 영향력을 가장 많이 행사하는 건설사는 설계사가 불합리한 평면이나 자재를 제시해도 단가를 올리거나 이윤을 남길 기회만 생각하는 집단처럼 보였다. 내가 앞으로 지을 건물은 모두 부동산 사업수지[4] 엑셀 파일 속에서 이상적인 숫자를 만들어내기 위해 지어지게 될 것 같았다. 책상 밑으로 주먹을 불끈 쥐며 '다른 사람이 보기에는 내가 개발이익 올리려고 노력하는 사람처럼 보이겠지만 사실 나는 좋은 건물과 도시를 생각하는 사람이야.'라고 스스로를 다독이기도 했었다. 아무튼 그렇게 찜찜한 날들이 지나갔다.

그러던 중 화면을 채우는 까만 캐드 화면을 보는 날보다 하얀 엑셀 화면을 보는 날이 현저하게 많아지면서 나 역시 생각이 바뀌는 과정을 겪었다. '말은 이렇게 해도 속마음은 그게 아니야.'라는 생각은 오래가지 못한다. 내가 하는 말이 결국 내 생각이 되어갔다. 적응을 잘하는 건지 중심을 잃은 건지 원래 중심 자체가 없었던

---

4) 부동산 사업수지: 부동산 개발 프로젝트에서 발생하는 수익과 비용을 비교하여 얻는 이익 또는 손실을 의미. 즉, 부동산 사업이 얼마나 돈을 벌었거나 잃었는지를 나타내는 지표

건지 내 생각이 내가 처한 환경에 맞춰 변했다. 나 역시 개발이익과 프로젝트 존폐에 심하게 좌지우지되는 사람, 즉 내가 내심 우습게 여긴 여타 디벨로퍼들과 한통속이 되었다. 스스로에게 좀 실망하기도 했지만, 어차피 이번 생은 먹고 살기 위해 계속 일을 해야 하는 일인분으로 태어나 버렸다. 건축 자아에 관한 단상에서 빠져나와 내가 하는 일을 좀 더 초롱초롱하게 바라보기로 했다.

이 일도 잘하려고 보니 굉장히 어려운 일이라는 걸 알게 되었다. 여러 가지 일로 허우적거리는 중이지만 대표적으로 어렵다고 생각하는 지점은 한 사업을 중심에 둔 이해관계자가 많고, 각 관계자들이 이익을 보는 방식과 각자에게 입금이 되는 시점이 다르다는 것이다. 부동산 개발사업은 준공과 분양이 다 끝나야만 최종적으로 수익을 가져가는 사업의 '주인' 개발사업자, 준공 시 잔금 10% 정도만 남기고 착공 시점에 대부분의 용역비를 받아 가는 설계사, 공정률에 따라 매달 또는 격월로 공사비를 받아 가는 시공사, 사업 일정대로 굳이 협력할 필요 없는 공무원, 경기가 좋거나 나쁘거나 거의 이익을 보는 금융권 등이 동상이몽을 하는 일이다. 이런 관계자들과 협업하면서 끝까지 프로젝트가 원활하게 돌아가게 하는 일을 시행사 관점의 개발사업이라고 한다면 내가 일하는 이 세계는 어렵지만 도전정신을 불러일으키는 새로운 세계다. 매일 희번덕한 표정으로 '와, 이런 일이 다 생기네?'라는 말을 자주 하면서 말이다. 나는 어느새 개발사업으로 지어지는 건물의 도시 맥락적 문제를 의식하기보다 당장 눈앞의 문제를 발견하고 해결함과 동시에 또 다른 문제들을 예상하고 찾는 일을 하고 있었다. 어느덧 나는 일인분의 관리자 역할을 잘하고 싶은 사람이 되었다.

2. 개발단계에서 돌보는 건축

사업성 검토	토지매입	재원조달, 도급계약 설계, 건축 인허가	분양/건설관리/사업관리	임대, 운영, 매각 (EXIT)
	개발단계		관리단계	

개발 사업자가 부동산을 개발한 다음 보유하며 운영하기도 하지만 현재 우리나라 대부분의 개발사업은 건물을 빠르게 팔아 이익을 남기려고 한다. 그래서 엑시트란 말을 자주 쓰고, 속된 말로 '털고 나오기'라는 말을 쓰기도 한다. 그러다 보면 어차피 내가 보유할 건물도 아닌데 '티 안 나게 돈 들어갈 일'은 안 하는 게 개발사업의 기본 태도가 되었다. 짓고 팔고 끝내는 식으로 지어지는 건물들이 꽤 많다는 의미다. 그런 태도들이 지속되면서 개발사업으로 지어진 건물들이 도시 생태계를 일부 파괴하고 있는지도 모르겠다. '내가 한번 자본주의 놈들(?)을 막아보겠다.'던가 '새로운 개발사업의 패러다임을 열겠다.'처럼 거창한 목표는 아니지만 조금이라도 도시에서 유의미한 건물을 만들기 위해 정체성이 부여된 건물을 만들고 싶다는 생각을 종종 한다. 그럼 내 포지션에서 해야 할 일은 뭐다? 설계와 인허가 대부분의 과정을 설계사에서 잘 리드해 준다면, 개발단계 설계관리자는 설계사의 러닝메이트 역할 정도로 그칠 수 있기에 기본적으로 처리해야 할 일 외에 건물의 '정체성 관리'를 위해 시간과 에너지를 쓰려고 한다.

건물에 정체성이 굳이 필요하냐고 묻는다면

프로젝트가 시작할 때부터 착공할 때까지 실제로 체감하는 프로젝트의 정체성은 '살아남는 것'이다. 살아남으려면 저렴하게 땅을 사서 빠르게 싸게 짓고 비싸게 팔아야 한다. 개발이익이 개발사업에서 가장 선명한 정체성이지만 단순히 '빠른 인허가와 공사 최저가'라는 표어로 몇 년 동안의 프로젝트를 이끌어 가기엔 동력이 역부족인 느낌이다. 결국 빠르고 저렴하게 건물을 짓기로 선방했다고 해도 막상 다 지어진 건물 앞에서 이 프로젝트는 뭐야? 왜 이래? 라는 질문을 받는데 할 말이 없다면 어떨까. 몇 년을 고생한 건물 앞에서 머리만 긁어댈지도 모른다. 프로젝트를 이끌어갈 정체성이 필요하다. 그거 아는가. 어린 시절 어른들이 '너 꿈이 뭐야?' 재촉을 섞어 질문했던 걸 돌이켜보면 빨리 스스로 정의를 내리게 한 다음에 그에 맞는 행동을 시키려고 했던 지혜였음을. '너 경찰관 된다는 애가 친구들 괴롭히고 그러면 되겠어?'라는 말이 그냥 '친구들 괴롭히지 마!'라는 말보다 어린이들의 행동을 컨트롤하기 더 유효한 방법이라는 연구 결과를 어디선가 읽었다. 아직 지어지지 않은 프로젝트를 어린아이라고 생각하고 바라본다. 정체성을 주입해 끝까지 설파(?) 하는 작업이 개발 과정에 동력이 된다.

프로젝트의 정체성은 프로젝트마다 다르다. 수치로 표현할 수 있는 달성 목표가 되기도 하고 고수되어야 하는 콘셉트가 정체성이 되기도 한다. '반경 1킬로미터 내에서 가장 높은 건물', '최근 신규 공급되는 아파트 중 가장 넓은 커뮤니티 면적', '테라스를 활용한 입면 디자인'처럼 정량적이거나 물리적인 정체성이 될 수도 있고 때에 따라 변하는 공간의 프로그램, 공간 소프트웨어에 맞춰 변해가는 것이 정체성이 되기도 한다. 정체성은 프로젝트를 진행하며 사공이 많아졌을 때(거의 모든 프로젝트에 해당) 배가 산으로 가는 일을 막아 주기도 한다. 수많은 회의 시간을 줄여주는 효과도 함께.

최지원

그러다 보니 프로젝트를 진행하는 도중 반듯한 자세로 '이 프로젝트 정체성이 뭐였죠? 그건 꼭 필요합니다. 아니면, 없애야 합니다.'라는 멘트를 동원하기도 한다. 그러면서 내심 개발 사업으로 짓는 건물도 건물의 정체성이 잘 구현되어 좀 거창하지만, 건물이 후대에 사조[5]로 분류될 때 거론되었으면 좋겠다는 기대를 가끔 가져본다. 거기까지는 곳 미치더라도 건물이 철거되기 전까지 이 건물이 놓인 도시와 시대어 맥락을 잘 맞춘 건물, 최소한 시시하게 그저 돈 버는 건물이 아닌 것으로 기억되는 일도 상상해 본다.

범용성, 누구도 책임질 수도, 책임지지 않는

좋은 건물이 생기기 위해 가장 필수적인 요소는 좋은 건축주와 좋은 건축가다. 반면 내가 개발하는 건물들은 사용하게 될 사람이 누구인지 명확하지 않다. 투자자? 임차인? 나이 성별, 구체적인 사용 용도 등이 흐릿한 가상 인물이다. 주인이 어떤 사람이 될지 확실하지 않은 공간 설계를 하다 보니 가장 유효한 설계의 태도는 언제부턴가 '범용성'이 되었다. 평범하고 보편적인, 고환하기 용이한, 불특정 다수가 사고팔기에 부담 없는 건축물, 더불어 최적화된 공사비라는 말을 입에 달고 살게 되었다. 지구보다 더 오래갈 거라는 자본주으와 그 체제 속 건축물을 위해 일하는 관리자는 범용성과 가성비를 기본으로 한다. 기본이 실천되지 않으면 다음 스텝으로 넘어갈 수 없다. 갑자기 생소하고 독창적인 평면, 특정인의 취향과 요구에 맞춰진 건축물을 마주한 '수분양자'[6]라는 타이틀에 가려진 예측 불가능한 가상의 인물이 갸웃거리는 모습

---

5) 사조: 특정 시대나 문화에서 건축의 스타일과 철학을 나타내는 것

6) 수분양자: 부동산이나 아파트와 같은 주택을 처음으로 분양 받는 사람

이 상상되니까. 이런 시행착오와 설득의 과정을 최소화하기 위해 노력하다 보니 개발사업으로 만들어진 공간들은 통상적인 형태와 합리적인 시스템이라는 특징만 남게 되었다. 자연 생태계에서 다양성이 중요하듯 도시 생태계에서도 다양한 사람과 건축물이 섞이는 것이 이상적이다. 반면 범용성은 내가 추구하는 가치와 맞지 않아 자꾸 이게 맞나 싶긴 한데 현실이 그렇다. 한 예로 몇 년 전 지인이 다니는 시행사에서 하이엔드 오피스텔을 개발하면서 핀터레스트(pinterest)나 아키데일리(archdaily)에서 볼듯한 매력적이고 유니크한 평면을 설계에 적용했다가 분양에 폭망[7]했다. 그 역시 가상의 타겟을 고려한 설계였는데 아마 범용성 적용 범위 밖의 사용자를 상상했나 보다. 최근 알아보니 그 건물을 다른 용도로 전면 설계 변경을 하던데, 그 당시 그걸 보고 나 역시도 뒤에서 함께 수군거렸었지. '어쩌자고 혁신을 했어….'

여러 특성이 균형 있게 조합된 결론이 범용성만은 아닌 건물은 도시 다양성을 위해 필요하다. 치우치지 않은 다양한 필요를 아는 건축주와 그 필요를 폭넓게 구사하는 건축가가 도시 생태계를 건강하게 할 것이다. 그러기 위해서는 공간을 판매할 사람의 개입이 아닌 사용자가 처음부터 설계단계에 개입하는 것이 유리하다. 다행히 상업용 부동산 중에서도 설계단계부터 입주할 테넌트[8]를 미리 정하는 프로젝트가 종종 있다. 입주할 테넌트가 내정되어 있으니 당연히

---

7) '폭삭 망하다'의 줄임말

8) 테넌트: 특정 건물이나 부동산의 일부를 임대하여 사용하는 개인이나 기업을 의미, 주로 상업용 부동산에서 사용되며, 테넌트는 소매점, 레스토랑, 사무실, 호텔, 또는 기타 상업적 용도로 사용되는 공간을 임대하는 입주자.

최지원

공실도 없다. 다 짓고 나서야 사용자가 정해지는 것이 아니니, 새 건물을 다시 두드리고 부셔서 리모델링 공사를 하는 일이 적다. 물론 이런 이상적인 이야기는 입지와 입주 시기 임대료 등 여러 조건이 맞아 떨어졌을 때 가능한 이야기라 개발 사업으로 지어지는 모든 건물이 미리 테넌트를 정하는 프로세스를 갖기엔 아직은 갈 길이 멀다. 그러나 이제 건물을 짓는 대로 팔리는 시기는 지나갔다. 어쩔 수 없이 건물이 다 지어진 후의 단계를 고려하여 지을 수밖에 없게 되었다. 그럼 점차 하드웨어와 소프트웨어 그리고 운영까지 고려된 건물이 연속으로 생겨날 것이다. 그리고 지나친 평범함과 쓸데없는 독창성을 밀어내며 누가 사용할지 모르는 타겟을 위해 찾은 '범용성'이라는 공간 특성을 의기양양하게 이야기하는 나 자신도 잠잠해질 것이다.

3. 관리단계에서 돌보는 건축

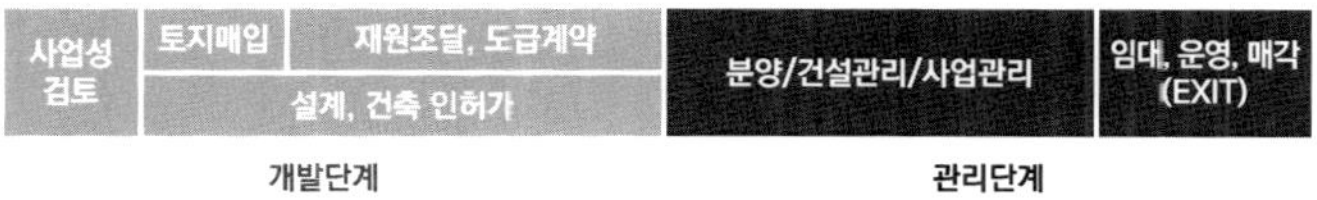

개발단계에서 건물 정치성을 논하는 건 어찌 보면 즐거운 일이었다. 요즘은 개발사업 자체를 "그냥 다 접으세요."라고 말하는 듯한 메시지를 자주 접하곤 한다. 강화되는 법규, 각종 인허가의 부결, 이행 가능한 건가 싶은 허가 조건, 아무래도 누군가 재료 마감표에 [실내 마감: 금칠]이라고 써 놓은 게 아닌지 의심될 정도의 공사비, 대부업자인가 싶은 금리가 그런 메세지다. 요즘은 여러 악조건을 이겨내고 PF대출을 받은 뒤 착공하는 자체를 기적처럼 여긴다. 이럴 때 괜한 실수를 저지르지 않도록 착공 후 실시설계처럼 성패가 눈에 잘 보이지 않는 관리 성 업무를 촘촘하게 하자는 셀프 잔소리 성 기록을 해본다.

나에게도 설계한 대로 공사하면 뭐가 문제지? 라는 생각을 탑재한 해맑은 설계자 시절이 있었다. 설계사무소 밖으로 나와보니 설계 말고도 여러 분야가 연결되는 경계에 지난한 관리 포인트가 많아 과거에 했던 일이 미화된 것일 수 있다(설계 엄청 힘들다고 SOFA 지난 호에 엉엉 울면서 쓴 것 같은데 좋은 기억만 남았네요). 착공 후 업무 관리에서는 여러 공종과 관계 사이에서 소소하고 티 안 나는데 지속적으로 골치 아픈 일들부터 가끔은 심장이 오그라들 정도로 놀라는 일이 존재한다. 남은 기록은 나를 향한 잔소리니, 누군가에게 스트레스로 가 닿지 않길 바라며 관리단계 이야기를 나열해 본다.

서당 개, 풍월 읊지 마

설계관리자는 프로젝트 진행 과정에서 많은 결정을 하게 된다. 그러다 보면 '어라, 저 사람 얇고 넓게만 아는 줄 알았더니 꽤 깊고 넓게 아네?' 생각하게 만든다. 이럴 때 생각 나는 게 서당 개 3년이면 풍월을 읊는다는 말이다. 그러나 서당 개 풍월이 과연 정확할까는 한 번쯤 생각해 볼 문제다. 나는 서당 개 지식으로 현장 작업자에게 지시를 내리는 관리자를 심심치 않게 본다. 어느 경우에는 전화로 어느 날은 카톡으로 그냥 막 정해줘 버린다. 이치에 안 맞는 현장 상황엔 '발주처 승인'이라는 문장이 남는다. 그리고 그 당사자는 지금 어디 있냐? 퇴사했다. 예전에 많았던 현장 중 하나는 도면과 일치하지 않는 부분이 시공 오차를 벗어나는 수준으로 많은 현장이었다. 의아한 공간의 설계도 면을 찾아보려고 하면 딱 그 부분만 없었다. 도면에 정확하게 명기 되지 않은 사항을 시공사에서는 최소화하거나 시공하기 용이하도록 발주처에 보고하고 발주처가 그냥 승인해 주는 일이 반복되어 왔을 거라 추정된다. 빠르게 승인 안 해주면 준공 일정 못 맞출까 걱정돼서 그랬을 것이다. 늦게라도 발견한 문제를 적발 또는 고백하여 이슈화시키는 게 그나마 조직 생활하며 몸에 밴 습관 중 하나라 계속 발견하고 후비다 보니 표면상 잘 돌아가는 줄 알았던 현장이 내가 맡은 뒤로 졸지에 문제 많은 현장이 되었다. 문제가 발견되는 준공쯤에 내가 맡게 돼서 그렇기도 하다. 바쁘게 돌아가는 현장에서는 설계사나 시공사나 감리마저 기술적인 사항을 발주처 승인에 의존하면서 돌아간다. 꽤 아슬아슬해 보인다.

공종[9]간 경계에 놓인 일

누가 해야 하지? 누군가 하는 중이겠지? 싶은 일인데 사실 아무도 하지 않는 일은 늘 존재한다. 주로 공종간 경계에 놓여있는 일이다. 쩨한 기분이 드는 부분을 한 번씩 들춰봐야 하는데 이럴 때 보면 관리자에게는 심심함이 기본 세팅 값이었으면 좋겠다. 인테리어와 건축을 예로 들어보겠다. 인테리어 설계팀 업무분장은 층과 실 기준으로 나눌 때가 많다. 그러다 보니 수직으로 연결되는 부분을 놓치는 상황이 종종 발생한다. 시각적인 디자인에 몰입해서 각종 설비 위치가 디자인과 연동하여 변경되지 않는 경우도 있고 디자인을 위해 만든 구조물이나 대형 조명을 천장에 매달 때 수반되어야 할 구조계산을 간과하기도 한다.

---

9) 공종: 공사의 종류

조경과 토목 사이에도 간섭되거나 누락되는 사항이 발생하고, 기계와 전기 분야 사이에도 많은 관계가 발생한다. 유난히도 내가 경험했던 건설 현장에서 전기와 기계 공종 담당자끼리 자주 절교하곤 했다. 한국 조직 생활에서 유효한 직급으로 찍어 누르기[10] 같은 관계가 아니면 뭔가 사이좋게 지내기가 어려운 건지, 내가 무시하는 사람이 나를 무시하니까 더 기분 나빠서 앞으로 내가 더 무시해야지 하고 다짐하는 듯한 소리 없는 결투를 하는 현장이었는지도 모르겠다. 기계 시스템이 바뀌어 전기 용량이 바뀌었는데 전기 담당에게 전달이 안 되었다. 확인해 보니 "메일로 도면 보내 줬잖아."라고 말한다. 옆자린데 말로 좀 하지 그랬어요…. 이건 기계 공종 잘못이긴 하다. 누군가가 꽁하지 않은지, 서로 대화를 하는지도 한 번쯤 궁금해하면서 각자 다른 길을 가지 않도록 신경 써야 한다. 다 큰 어른 사이에 이런 일이 어딨어? 라고 생각하고 싶지만, 실제로 준공 뒤에 바뀐 기계 시스템을 위한 전기 용량 확보가 안 된 것을 발견해 차단기 내리고 케이블 교체를 하는 대형 공사를 할 뻔했다.

니가 해라, 커튼월[11] 구조설계

일반적으로 설계사는 커튼월 구조계산은 안 하고 도면만 그린다. 시공사가 커튼월 공사 업체를 선정하고 구조계산을 한다. 커튼월 문제가 생기는 건 주로 작은 현장인데, 설계 중 예상치 못한

---

10) 찍어 누르기: 일반적으로 상급자나 권력자가 자신의 지위나 권한을 이용해 특정한 구성원이나 의견을 억압하거나 무시하는 행위

11) 커튼월: 유리와 금속 프레임으로 이루어져 건물을 감싸는 구조, 자체로 서 있는 구조이기 때문에 금속프레임이 하중을 견디는 검토가 필요하다.

 최지원

커튼월 구간이 생기고 문제가 발생하는 경우다. 시공사는 커튼월 구조 도면이 없어서 시공을 못 한다고 말한다. 설계 도면에는 '구조 검토 후 시공'이라고 개미만 한 글씨를 써놓는다. 양쪽에서 구조계산 업무를 미루다가 발주처가 추가 용역을 부담하기로 결론이 나면 좀 나은 상황이다. 문제를 발견했으니까.

내가 맡은 현장은 아니었지만 잘 진행되던 현장이었다. 현장에 큼직한 유리를 프레임에 걸면서 시공 중이었었다. 그런데 어느 날 현장 담당자가 횡단보도 건너에서 공사 중 건물을 바라보는데 맨눈으로 봐도 큰 유리가 중력을 받아 바닥 쪽으로 약간씩 처져 보였다고 한다. 급하게 확인한 결과 시공사는 그냥 도면의 그림대로 시공했다고 한다. 설계 도면에는 역시나 작은 글씨로 '※구조계산 후 시공할 것'이라고 명시되었다. 구조계산 없이 그냥 도면의 프레임대로 시공 중이었다. 건물을 짓는 게 무슨 여름방학 숙제도 아니고 이런 일이? 싶은 일이 발생하는 곳이 작은 현장이다. 도면을 여러 차례 검토하고 의견을 지속적으로 교환하는 현장이 일반적인 모습이지만 이렇게 다들 동태눈을 하다가 지옥문이 열리는 케이스가 생긴다. 이 현장은 공사를 중단하고 발주처-시공사-설계사 소송으로 이어졌고 건물은 제3의 시공사가 재공사하며 끝났다고 한다. 결국 소송과 재시공으로 시간과 비용은 막대하게 늘어났다. 거슬러 올라가면 이 일의 원인은 관리 소홀의 문제기도 하지만, 비용 입찰로 이뤄지는 계약이 많아서 최대한 저가로 입찰하는 상황에서 커튼월 구조계산처럼 경계가 불명확한 항목을 제외하고 입찰을 진행하다 보니 벌어지는 일이다.

저건 어떻게 서고, 매달리는 걸까?

사람들 사이에서 대범하다는 말을 자주 듣지만, 나는 공사 현장에만 가면 겁이 많아진다. 천장에서 뭐가 떨어질까 자꾸 올려다보고 안전모를 쓰지 않은 작업자를 보면 과하게 지적한다. 도면이나 현장을 살피다가 '어떻게 이게 혼자 서있지? 바닥에 어떻게 지지하는 거지?' 하는 질문이 생기는 부분이 종종 있다. "저 부분 도면 좀 보여주세요."라고 말했을 때 돌아오는 답변은 "저런 건 도면 안 그림", "구조 계산 안 함"이라는 답변과 "참 걱정이 많으신 분"이라는 평가까지 추가된다. 그래요. 제가 일단 모르는 게 많고 그만큼 걱정도 많다고 치겠습니다만, 어느 현장의 예를 들자면 무지주[12] 구조물이 구조계산이 안 된 채 시공되어 매달려 있는 일이 있었고, 실사 과정에서 구조계산서를 요구받았다. 당연히 존재할 줄 알았던 구조계산서가 없어 큰 문제가 되었다. 결국 후속으로 구조계산을 했다. 다행히 구조적으로 문제는 없어 구조의견서를 제출하며 상황은 정리되었지만 그 과정에서 어떻게 저런 특수한 구조물의 구조계산이 납품이 안 되어 있었을까? 다른 문제는 또 얼마나 큰 게 있을까? 싶어 몸을 부르르 떨었다. 이제 우리 모두 그만 대범해지자. 겁대가리를 더 키우자.

덩그러니 도면 한 장, '최종도면' 폴더

퇴사자로부터 인계받은 어느 현장이었다. 가장 최근 공사 도면에 해당하는 [02 설계 〉 05 실시설계 〉 2024년 4차 설계변경] 이라는 폴더를 열어보니 도면 파일이 덜렁 두 개 있었다. 갸웃거리며

---

12) 무지주: 기둥이나 지지대가 없는 구조. 여기서는 기둥 없이 천장이나 수벽에 매달려 있는 구조를 말한다.

이전 단계 [2023년 3차 설계변경] 폴더를 열어보니 파일이 네 개 있었다. 더 이전 단계인 [2022년 2차 설계변경] 폴더를 열어보니 파일이 꽤 많았다. 그러나 풀세트로 보이지는 않았다. 현장은 무슨 도면을 보며 공사 중인 걸까? 확인해 보면 대부분 2차 설계변경 폴더를 보면서 시공하는 중이었다. 습관적으로 풀세트부터 찾아보게 되니까 그렇다.

설계 변경 허가가 진행될 때 도면 1,000장 중 1장만 바뀌어도 파일은 풀세트로 관리하는 방식이 해당 현장의 역사를 다 파악하지 않고도 일할 수 있는 방법이다. 그리고 현장 직원들끼리 생각보다 많은 대화를 하지 않는다. 한 공간 안에서도 서로 컴퓨터만 보는 요즘. 옆사람이 무슨 도면을 확인하고 현장에 나가는지 알 게 뭐야… 집에 빨리 가고 싶은데 말이다.

요즘 자주 하는 말

아마 내가 걱정했던 일을 민감하게 사전 관리하면 전혀 예상치 못한 문제들이 발생하는 곳이 건설 현장이다. 유사한 업무를 하는 지인들에게 종종 이런 에피소드를 공유하고 자문하면 "감리는?"이라는 대답을 듣곤 한다. 내가 경험했던 현장의 감리분들의 개성에 대해서는 말을 삼가겠다. 현장이 많아지고 현장의 어려움으로 잠을 설치고 현장 인력이 부실하게 느껴진다면 건설관리 용역을 별도로 선정하는 것을 추천한다. 공사에 대한 세세한 점검 기록을 남길 수 있다. 결국 요즘 내가 자주 하는 말은(예전에는 무책임하다고 생각했던 말인데 이제 와 보니 이유 있는 문장) "저는 관리자지 기술자가 아닙니다. 문제가 없는지 확인해서 의견 보내주세요."

여러 스트레스가 담긴 경험이 누군가에게는 도움이나 공감으로 다가갈지 모른다는 느낌으로 글을 마무리한다. 지나간 일에 미화가 몇 스푼 첨가된 건지 내가 생각보다 일을 즐긴다는 감각이 느껴져 갸웃거리며 기록하기도 했다. 이 글을 쓰기 시작할 때만 해도 건축주와 건축가가 티키타카하며 만드는 건물이 아닌 그저 범용성에 천착한 프로젝트를 향한 반감을 더듬었다. 그런데 개발사업과 개인의 내재적 가치가 맞지 않아 고뇌했던 시기가 나도 모르게 나를 스쳐 지나가 버린 걸 기록하며 알게 되었다. 요즘 나는 개발사업에 꽤 재미를 느끼고 있다. 돈이 돌아가는 흐름을 보는 관점에서 건물을 짓는 일도 그렇고 (리스크가 있지만 내 돈은 아님) 수많은 사람을 만나며 흥미로운 일이 생길 때가 많다. 디자이너 집단을 나와 설계 시공 분야 외에도 금융인, 중개인, 분양대행사, 광고회사, 컨설팅, 변호사, 감정평가사, 법무법인 등과 사업 하나를 놓고 동상이몽 속에 소통하며 함께 나아가는 상황도 흥미롭다. 매일 그저 회사에 죽지 못해 앉아 있는 게 아니라 앞으로, 또는 옆으로 뻗은 길 위에서 걷거나 최소 서 있다는 감각을 가지고 일하고 싶은 사람에게 내가 하는 일은 나쁘지 않은 직업이다.

글이 생각보다 꽤 거창하게 써진 것 같지만 나의 실체는 주어진 조건에서 여기저기 물어물어 해결 방법을 찾아내며 하루하루 겨우 쳐내듯 일하며 업계의 앞서 가는 플레이어들을 부러워하는 실무자다. 내가 글 속에 나열한 미약한 몇 개 사례처럼 경계에 놓인 일을 발견해 미리 리스크를 사전 대응하고 실시간 텔레그램으로 현장 사진과 상황을 발주처에 공유하는 시공사, 도

최지원

면 관리와 해석 능력을 위해 설계사 출신으로 구성된 시공사를 보유한 시행사, 컨설팅과 설계비에 큰 투자를 해서 동일한 공사비로 디자인과 공간 가치를 올리는 개발사업, 덜 유명한 지역에 감도 높은 브랜드 하나를 유치하기 100개 후보군에 접촉하고 성공시키는 사람들 말이다. 최근 도쿄를 방문하여 한 지역 내 여러 건물을 개발하고 보유하면서 지역과 함께 성장하는 부동산 개발 사례들을 둘러보기도 했다. 정해진 틀 속의 업무를 쳐내기도 벅찬 나에게 이런 플레이어들의 이야기는 듣기만 해도 여름철 아이스 아메리카노를 한잔 들이켠 듯한 개운함을 느끼면서 도전하고 싶게 만든다.

나는 직접 건축 도면을 생산하는 사람에서 설계와 공사를 돌보는 일로 업무 전환을 한 사람이고 직접 설계하지 않는 사람이 되면서 결국 나는 40대에 아가리 건축가[13]가 되어버렸다고 약간은 스스로를 깎아내는 듯이 말하기도 했다. 그렇지만 무엇을 직접 하는 사람만이 열심히 해서 돌아가는 세상이 아니기에 내가 하는 일에 효용감을 느끼고. (열심히 설계 중인 사람에게 부채감을 느끼면서 쓴다.) 요즘처럼 건축물을 만드는 일에 매료된 때가 없는 것 같다. 생각해 보면 내가 현재 하는 일이 내가 설계했던 건물, 그리고 내가 궁금해던 건물이 지어지는 배경의 일들이 아니던가. 이제는 건물의 물리적 특성보다 배경과 자본, 그 뒤 건축주들의 스토리를 찾아다닌다. 물리적인 아름다움 뒤 건물이 지어질 위치를 선정하고, 치열하게 설계하고, 짓고, 사용자를 맞았을

---

13) 아가리 건축가: 입만 살아있는 건축가. 실제 프로젝트나 현장에서 실무 경험이 부족하면서도 이론적인 이야기나 비판만을 하는 사람을 지칭하는 데 사용됨.

건물이 새롭게 보이고 도시가 다시 읽힌다. 요즘 스스로를 시행
사 주니어라고 말하기도 하는데 시행사에서는 3년 차니까 그렇
게 틀린 말은 아니라고 우겨본다. 주니어가 지나 5년 후 10년 후
앞으로 무슨 근황을 가지고 무슨 말을 할지 궁금하고 기대된다.

사업관리 본부 최차장의 근황은 이렇다.

엄마와 떠난 호주 배낭여행

문마닐

30대 대학원생과 60대 은퇴자가 같이 여행을 가기도 했다. 『고요와 평화로 지어올린 성당』이 출간된 지 2년 만에 가족에게 공개했고, 책을 처음부터 끝까지 다 읽은 엄마가 "나도 너랑 자유여행 갈래"라고 말한 게 시작이었다. 총 4학기를 다니는 대학원 생활 중에 2학기가 끝난 시점, 아직은 논문의 압박이 덜한 겨울방학, 미루고 미루던 은퇴를 한 엄마와 여행하기에는 적기였다. 다만 겨울이니 날씨가 좋은 곳으로 가야 사이좋게 돌아올 수 있을 터였다. 지구를 종으로 가로질러 계절이 반대인 곳, 호주로 여행지가 결정되었다.

나는 대학생 시절 교환학생으로 공부하러 가서 건축물을 구경하러 다녔고, 그 이후에도 자유여행으로 해외를 종종 다녔다. 미국, 유럽, 대만, 일본 … 매번 여행을 떠날 때마다 엄마는 위험하지 않냐고 걱정하고 잔소리를 멈추지 않았다. 그런 엄마가 내 책을 본 이후에는 생각이 바뀌었던 모양이다. 퇴사하고 대학원에 입학하기 전에 둘이서 제주 여행을 다녀오며 자유여행의 맛을 보시더니, 이렇게 호주까지 가게 된 것이었다.

둘이 학생에 은퇴자라 최대한 경비를 아끼기로 했다. 우선 항공권은 제일 저렴한 저가 항공을 이용하기로 했다. 시드니까지는 직항이 있었지만 멜버른에서는 한 번 갈아타야 한국으로 돌아올 수 있었다. 환승 시간이 빠듯한 걸 보고 부치는 수하물은 빼기로 했다. 그래서 항공사에서 기본적으로 제공하는 7kg의 기내수하물 안에서 모든 짐을 해결하기로 했다. 15일간의 짐을. 여행 전 바쁘다는 핑계로 모든 것을 미루다 뒤늦게 사흘 전부터 정보를 찾아보고 짐을 싸기 시작했다. 맨몸으로 한번, 배낭 메고 또 한번, 쉴 새 없이 무게를 재는데 7kg를 넘기기 일쑤였다. 결국엔 항공사 홈페이지에서 추가 수하물 가격을 알아보기까지 했다. 결국 출발하는 날 아침에 엄마와 집에서 배낭을 엎고 무게를 덜어내는 작업을 했다. 7일 치를 챙겼던 속옷을 5일만, 우산은 빼고, 티셔츠도 몇 개 덜어내고, 파우치도 빼내고… 결국 각자 6.99kg까지 맞추고 출발했다. "엄마 7kg이 얼만큼인지 알았어?"하고 묻는 내 말에 엄마는 "아니 난 몰랐지~"하고 능청스럽게 대답한다. 엄마라고 모든 걸 다 아는 게 아니란 걸, 이 나이가 되고도 한 번씩 깨닫는다. 정작 공항에선 짐을 맡기지 않아도 되니 모바일로 체크인하는 바람에 무게를 잴 일이 없었다. 그래도 첫날 그 짐을 메고 다니며 최대한 가볍게 가져오길 잘했다고 되뇌었다.

두 번째로 아낀 것은 숙박이었다. 어차피 최고급 호텔과는 거리가 먼 삶을 살았다. 잠이 예민한 엄마와 한 침대를 보름간 쓸

 문마닐

자신은 없어서, 매트리스를 따로 쓸 수 있는 방식을 찾았다. 트윈 베드가 있는 호텔 방은 너무 비싸서 그 대안으로 벙커베드가 있는 게스트 하우스를 예약했다. 나 혼자 다니는 여행이었으면 제일 저렴한 8인실, 12인실 같은 곳을 예약했을 텐데 나름대로 엄마를 배려한다고 둘만 쓰는 프라이빗 룸을 구했다. 방이야 둘이 쓰지만, 화장실과 샤워실을 공유하고, 직접 식사를 해 먹을 수 있는 공유 주방이 있는 형태를 엄마는 처음 경험해 보신 모양이다. 샤워 도구를 들고 긴 복도를 따라 나란히 걷다가, 가끔 허리에 수건만 두르고 가는 남자애들을 신기하게 쳐다보셨다. 나중에 엄마가 "젊은이들이 어떻게 여행을 다니는지 경험해서 좋았어~"라고 평하기에 "첫날은 12인실에서 보냈어야 진짜를 맛봤을 텐데"하고 실실 웃었다.

호주 특성상 차선이 반대라 운전할 자신이 없는데 대중교통으로 다니기 불편한 관광지들이 몇 곳 있었다. 혼자라면 시간이 오래 걸리고 모든 곳을 보지 못하더라도 대중교통으로 가는 것을 택했을 텐데, 엄마는 그래도 어딘가 갔으면 남들 보는 건 다 봐야 한다는 주의였다. 결국 엄마 마음의 평화를 위해 몇몇 유명 관광지는 일일 패키지 투어를 신청했다. 몇 개의 투어는 한국인 가이드가, 또 몇 개는 호주인 가이드가 붙었다. 다행히 둘 다 영어가 능숙해서 언어의 장벽이 낮게 느껴졌다.

재밌는 점은, 한국인 가이드가 있는 투어와 호주인 가이드가 있는 투어는 분위기가 정말 달랐다는 것이다. 한국인 가이드는 한국 특유의 효율성이 극대화되어 있었다. 아침 일찍 모이고, 정확히 열두 시에 점심을 먹고, 중간중간 화장실에 들르고, 사진이 가장 잘 나오는 스팟을 알려준다. 심지어 사진도 찍어준다. 여행객들도 가이드가 사진 찍어주기를 기다리며 조용히 한 줄로 줄을 섰다. 우리 가이드가 다른 가이드보다 빠르게 움직이기 위해 안달 내는 모습을 보며 저것도 영업 전략이겠거니 했다.

반면, 호주인 가이드는 일단 약속 시간보다 늦게 도착했다. 여행사의 버스 배정 문제 때문에 늦은 모양인데, 시스템 때문에 늦은 것이니 어쩔 수 없단다. 한 시가 다 되어가도 식사하라는 얘기가 없길래 물어보니 저쪽 편의점에서 간단히 사 먹거나, 두어 시간 후에 내려주는 마을에서 식사하란다. 옆 가족을 보니 이미 싸 온 샌드위치를 우적우적 꺼내먹고 있다. 우리도 샌드위치를 싸 왔기에 망정이지 쫄쫄 굶을 뻔했다. 그래도 여행 자체는 한국인 가이드보다 느슨해서 마음이 편안했다. 손님들도 약속 시간보다 늘 늦게 와서 마지막 여행지에선 우리도 여유를 부리다가 가장 늦게 버스에 도착한 사람들이 되었다.

여행 기간은 2주. 일주일은 시드니, 나머지 일주일은 멜버른에서 머물렀다. 혼자라면 더 짧게 잡고 더 많은 도시를 다녔을 텐데, 엄마의 체력을 고려한 선택이었다. 여유 있게 도시를 둘러볼 수 있어 오히려 좋았다. 호주에서 만난 엄마는 생각보다 괜찮은 여행메이트였다. 종이 지도를 읽는 능력이 뛰어나고, 사교성이 뛰어나 여행지에서 만난 사람들과 스몰토크를 잘했다. 시드니와 멜버른에서 잠시 내 친구들을 만날 기회도 있었는데, 친구들에게도 존대하며 스스럼없이 이야기를 나눴다. 건축물을 보고 싶어

 　문마닐

하는 나의 계획에도 별말 없이 잘 따라왔다. 무엇보다 사진을 정말 잘 찍었다. 어린이집 선생님으로 오래 일하셔서 그럴까? 셀카는 영 별로였지만, 전면 카메라를 통해 찍어준 사진들은 정말 마음에 들었다. 인물사진의 배경을 고르는 능력도 뛰어났다. 다만 시도 때도 없는 "이리 와 봐"를 들어야 했다. 아침에 게스트 하우스에서 나오자마자 아빠에게 사진을 보내야 한다며 사진을 찍잔다. 여행 내내 일만 번은 족히 들었다. 그래도 여행에서 남는 건 사진이다. 나중에 활짝 웃으며 찍은 사진들을 보면, 여행의 모든 순간이 행복했던 것만 같다.

외식비가 비싼 대신 식자재가 저렴하고 질이 좋은 호주라서, 둘다 요리를 좋아해서, 우리는 매일 양질의 재료를 넣은 맛 좋은 샌드위치를 점심으로 싸 들고 다녔다. 아침과 저녁으로는 숙소에서 부리토나 파스타, 샐러드를 해 먹었다. 외식도 종종 했다. 어느 날엔가는 동태전과 맛이 똑같은 피시 앤 칩스를 먹었는데, 엄마가 그날 저녁에 라면을 사자고 했다. "여행 나가면 굳이 한식을 먹을 필요가 없다"고 호언장담을 하셨던 터라 제법 웃겼다. 원하신다면 맛있게 끓여 드려야지. 흰자만 풀고 노른자는 반숙으로 익혀서, 면은 살짝 꼬들하게 끓여서 내갔더니 정말이지 행복한 표정으로 한 그릇을 뚝딱 드셨다. 엄마도 어쩔 수 없는 한국인이다.

2주 내내 붙어서 지내자니 가끔은 혼자만의 시간이 필요했다. 매일 저녁 여행기를 쓰는 시간과 일요일 오전이 나에게는 꿀과 같은 '혼자 타임'이었다. 피곤해하는 엄마를 먼저 방에 들여보내고, 나는 키보드와 카메라 리더기를 챙겨서 라운지로 나왔다.

그날그날의 여행기를 쓰는 데에는 두어 시간이 걸렸다. 엄마는 숙소에 누워서 아빠와 영상통화를 했다. 밤늦게까지 단체투어를 하다가 들어간 날도 예외는 아니었다. 그랬더니 엄마가 아빠와 통화하다가 쟨 대체 누굴 닮아서 하루 종일 걷고 들어와서 피곤할 텐데 저러고 있나, 아무튼 나는 아닌 것 같다, 하며 서로의 공으로 돌렸단다. 기억이 휘발되는 게 빠른 여행가라 그런 것뿐이다. 여행지에서 즐거운 일은 매일 생기니까. 일요일 오전에는 엄마가 성당에 갔다. 나는 그 한두 시간 동안 혼자 카페에 가서 또 여행기를 썼다. 혼자 갔던 카페의 커피가 맛있었으면 엄마를 데리고 다시 갔다. 엄마는 늘 함께 종교 생활을 하길 바라지만, 성인이 된 딸에게는 양보할 수 없는 시간이 있기 마련이다.

오래된 친구 사이에서 시간이 지나감에 따라 서로 간의 관계가 달라지는 것을 다들 경험한 바 있을 것이다. 부모 자식 간에도 비슷한 일이 일어난다. 성인이 되기 전까지는 엄마가 나를 돌보았고, 20대 이후에는 그 돌봄에서 벗어나 성인으로서 인정받기 위한 투쟁을 벌였다. 30대가 되자 이제는 우리가 언제든 볼 수 있는 사이가 아니라, 평생 볼 수 있는 기회가 제한된 사이라는 것을 깨닫게 되었다. 20대 내내 벌어진 인정투쟁의 결과로 돌봄의 대상이 아니라 주체적인 인간으로 자리매김하기도 했다. 그리하여 30대 중반이 된 지금에 와서는, 우리는 서로를 돌볼 수 있는 관계가 되었다. 둘이 떠난 제주도 여행을 제외하고는 1박 이상 붙어있었던 적이 드물었던 터라, 이렇게 오랜 시간을 함께 보내는 것이 어색하기도 했다. 그래도 엄마에게 성인이 된 내가 어떤 생각을 하며 어떻게 살아가는지 말할 수 있는 시간이었다.

서로를 이해할 수 있는 2주 간의 시간적 여유와 여행이라는 것이
주는 마음의 여유가 있었으니까.

호주 여행기 전문은 다음의 링크에서 보실 수 있습니다.

brunch.co.kr/magazine/travelwmom

손잡고 균열 메꾸기 ——

이 글은 흐르는 공간이라는 주제로 SOFA 소모임으로 진행했던 공간과 소프트웨어 스터디 (구: 공간 기획 스터디)에서 진행했던 토론을 정리한 글입니다. '흐르는 공간'은 나무가 자라 숲을 이루는 것처럼, 시간이 흐르며 계속해서 변화하고 성장하는 공간을 뜻합니다. 이는 공간을 고정된 개념이 아닌, 주변 환경과 상호작용하며 끊임없이 진화하는 생명력 있는 존재로 보는 관점입니다.

흐르는 공간

주희·김사금

공간도 성장할 수 있을까? _ 주희

언젠가부터 화려한 조감도를 보면 화부터 났다

건축가, 정치가, 지자체는 건물이 만들어지면 커뮤니티가 만들어지고, 지역 경제가 살아나며, 푸릇푸릇하고 사람이 가득 찬 도시가 될 거라고 약속한다. 하지만 그들의 약속과 화려했던 조감도와는 다르게, 완공 이후에도 몇 년째 텅 비어 있거나 건물에 비해 초라하게 운영되는 경우를 더 많이 보았다. 새로 구축한 건물은 번쩍번쩍했지만, 동원된 모든 인적 자본, 금융, 자연 자본과 자재의 피땀에도 무색하게 몇 년째 텅 비어 있는 모습을 여러 번 보게 되면서 배신감이 들었다. 특히 기존에 있던 건물과 사람들을 이주시키고 새로 지은 경우에는 더욱더 화가 났다. '약속했던 것이 겨우 이거야?'

약속한 공간의 모습을 만들기 위해서는 완공 전후로 공간의 내용, 즉 소프트웨어와 물리적 공간(하드웨어)의 관계를 꾸준히 관리하는 노력이 필요하다. 하지만 이는 '공간 만들기', '도시 만들기'에서 종종 간과된다. 하드웨어를 구축한다고 저절로 사람들이 모이고 커뮤니티가 조성되고 경제가 활성화되지는 않는다. 건축(하드웨어)에 완공 시점은 존재하지만, 소프트웨어와 하드웨어의 관계로 공간을 본다면 완성이란 존재하지 않는다. 예전에는 '일단 만들고 생각해 보자'라며 건설을 통한 경제성장 효과를 기대하며 짓고 나서 생각했을 수도 있다. 하지만 이제는 에너지, 자재, 토지 등등의 자원 사용에도 민감해졌으며 탄소도 무작정 배출할 수 없다.[1] 건축의 경제효과도 불확실하다.[2] '일단 만들고 생각하자'는 생산 중심적 생각을 반복하기에는 치러야 하는 비용이 커지고 있다. 물론 모든 것은 가격 탓, 자본주의라며 부동산을 탓할 수도 있다. 하지만 정작 누군가 직접 공간을 사용하기 위하여 공간을 고를 때에는 가격보다 동네(neighbourhood[3])가 주는 느낌이

1) 전 세계적으로 부동산 시장이 탄소배출에서 차지하는 비율은 37%로, 탄소배출이 가장 많은 영역 중 하나이다. 더군다나 한국의 경우, 2022년에 신축된 건물들의 탄소 배출량은 2억 톤에 다다르며, 이는 한국의 온실가스배출량의 30% 수준이다. 작년 2023년 유엔기후변화협약당사국총회(COP 28)에서 한국은 기후악당에게 수여되는 '오늘의 화석상'을 받았다. 기후변화대응지수(CCPI)는 한국을 63개국 중 '온실가스 감축 56위'로 평가했다.

2) 한국의 자재 가격과 인건비는 높아졌다. 2020년에 비해 2024년의 건설 공사비는 27.5% 상승다. 탄소배출에 대한 압박 또한 건설비 상승으로 연결된다. 그리고 건설비 상승은 신규 공급 주택의 품질 저하와 안정성 문제로 이어진다.

3) '동네'는 도시 계획에서 떠오르고 있는, 개인이 소속감을 느끼고 걸어서 생활할 수 있는 공간 단위를 말한다. 도시 기본 계획보다는 하위에 있고 지구단위계획보다는 상위에 있다. 걸어서 생활할 수 있는 범위를 지칭한다는 점에서 서울시의 '보행일상권' 혹은 국토부의 '일상생활권'과 비슷한 의도를 가진다. 이 글에서 사용자와 직접적으로 영향을 주고 받는 영역에 대해서는 '동네'의 단위를 사용했다. 참고 : 박소현, "동네 – 동네 계획 – 생활권 계획", 서울대 건축학과 박소현교수 연구실 블로그, 2024.09.09.

 주희·김사금

라던가, 집의 사용성이라던가 등등의 더 다양한 요소를 고려한다. 도시, 건물, 공간을 조감도와 계획안에서 전문가들이 약속한 아름다운 미래(desired future)로 현실화하기 위해서는 무엇이 필요할까?

> 공간 = 소프트웨어 (공간에서 이루어지는 행위·운영·관리) + 하드웨어 (건축 및 물리 요소)

설계자가 설계단계에서 모든 변화를 예측하기는 불가능하다. 건물이 완공되면 건물을 만든 시간보다 더 긴 시간 동안 다양한 필요와 변화를 책임져야 하는 사람은 사용자다. 만드는 것이 집중한 경제 변화에 반응하는. 성장하는 공간 만들기에 대해 함께 생각해 보기 위하여 공간을 수동적으로 사용만 하는 사용자가 아닌 적극적으로 공간을 사용하고 소프트웨어를 만드는 역할로서의 사용자를 다시 생각해 보고자 한다.

> A. 통합 생활 서비스로서의 집: 거주인은 그냥 주어진 대로 거주만 하는 자가 아니다.
> B. 거주한다는 것 – 1: 현재 집 상태를 누구보다도 제일 잘 아는 사람은 사용자이다.
> C. 거주한다는 것 – 2: 동네의 복합된 관계는 쌓여서 기반 시설이 된다.
> D. 사용자가 공간을 직접 가꿀 수 있는 시스템: 사용자가 공간에 관심을 두고,
>   경험하고, 이로써 이득을 볼 수 있도록 해야 한다.

이 글은 우선 공간을 서비스로서 인식하는 방법을 제시한다. 공간을 멈춰져 있는 한순간이 아닌, 흐르는 시간 속에서 인지하기 위해서다(A). 현재 공간 서비스를 사용하는 사용자가 공간에서 하는 역할은 단지 주어진 공간을 수동적으로 사용하는 것이 아니다. 오히려 능동적으로 변화에 반응하는 주체자이다. 그러므로 임대용 주택과 도시 맥락 속에서 주체자로서 사용자

역할을 제안하고자 한다(B,C). 그리고 마지막으로 사용자가 직접 변화의 주체자가 될 수 있도록 하기 위해서는 정보를 사용자에게 맞게 재구조하는 접근법이 필요하다고 제안하며(D) 글을 마무리하고자 한다.

한국은 도시를 만드는 것 이후에 그다음이 무엇인지를 고민하고 경험을 축적한 기간이 비교적 길지 않다. 분당과 같은 신도시가 만들어진 지 30년째가 되어 재건축이 논의되는 현재, 인구 감소, 기후 변화, 자원 부족 문제는 당연하다고 생각했던 기존 도시·공간 만들기와는 다른 접근 방식을 절대적으로 필요로 한다.

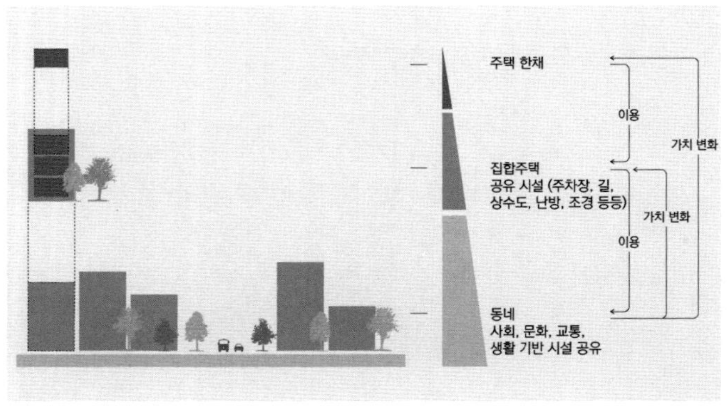

공간은 건물, 동네의 상호작용 속에서 존재한다.
(Salom et al., *An Evaluation Framework for Sustainable Plus Energy Neighbourhoods: Moving Beyond the Traditional Building Energy Assessment*, 2021, 참고하여 저자가 본문에 맞게 각색한 다이어그램)

주희·김사금

A. 통합 생활 서비스로서의 집

집은 머리 위의 지붕으로서의 역할 외에도 복합적인 기능을 한다. 집의 사용자이기도 한 거주인에게 눈치 보지 않고 편히 쉴 공간을 제공하고, 외부의 거친 날씨부터 보호하고, 요리할 수 있는 설비를 제공하고, 정체성을 만드는 기반이 되기도 한다. 채광, 물, 풍경, 전기, 환기, 해충으로부터의 보호, 조리, 사생활, 주변 시설과의 접근성, 동네 커뮤니티와의 접근성 등의 복합적인 기능을 한다. 집은 집 자체로 여러 기능을 제공하기도 하지만, '어디에 살고 있느냐'에 따라서 본인의 정체성과 누릴 수 있는 주변 서비스도, 보고 듣는 경험도 달라진다. 집을 '생활' 통합 서비스로 보면 집의 기능은 단순히 하드웨어만이 아니라, 주변과 관계를 맺으며 집과 동네를 사용하는 방식도 포함하게 된다.

> **사용자의 서비스 사용 및 유지 방식 → 서비스의 품질 변화 → 자산의 가치 변화**

집이 제공하는 다양한 서비스의 교차점에는 사용자가 있다. 사용자가 없으면 서비스 또한 기능을 상실한다. 대표적인 예로, 사용자가 없는 빈집은 집의 기능을 빠르게 상실하고 주변 환경 또한 활력을 잃는다. 사용자가 어떻게 집을 사용하고 유지·관리하느냐에 따라 집과 주변 환경의 질이 달라진다. 달라진 환경은 주변의 부동산 가격에도 영향을 미친다. 이처럼 사용자는 동네의 안전, 교통, 주변 시설 등의 공공 서비스와 연결되고, 이는 가장 사적인 자산인 집의 가치를 결정하는 요인이 된다. 사용자를 단순히 서비스를 수용하기만 하는 사람이 아니라 서비스 품질을 끊임없이 변화시키고 발전시키는 핵심 주체자(agent)로 볼 수 있을까?

B. 거주한다는 것 - 1: 현재 집 상태를 누구보다도 제일 잘 아는 사람은 사용자이다.

집에 거주하는 사람은 과연 집을 닳게만 하는 사람일까? 최근 영국으로 이사하게 되었다. 오랜만에 집을 보러 다니고 주택 임대차 계약서에도 새로 서명했다. 차근차근 읽어본 계약서에는 마치 내가 잠재적으로 집을 망가뜨릴 사람처럼 적혀 있어서 괜히 억울해지면서 마냥 빚을 지는 듯한 느낌이 들었다. 동시에, 의문이 들었다. 나는 집을 닳게 하고 집의 노후화에만 일조하는 사람일까? 사용자가 있어야 주택의 품질도, 가치도 유지되는 것이 아닐까?

거꾸로 집이 비게 될 경우, 돌봐주는 사람(house sitting)도 종종 구하지 않는가? 임차인으로서 나는 거주하며 주택 품질을 모니터링하고, 문제나 변화가 생기면 임대인에게 공유하고 조처를 한다. 내가 집을 잘 돌보고, 동네를 잘 활용하면 주택 자산가치를 올리는 데에 이바지할 수 있지 않을까? 임대이건 자가이건 집을 제일 잘 아는 사람은 현재 살고 있는 사람이 아닐까? 그리고 잘 가꾸어진다면 임대인과 임차인 모두 그 집으로부터 혜택을 받지 않을까? 이 모든 원리는 수요와 공급의 논리라고도 하지만, 과연 수요와 공급만으로 가치가 결정될까? 공간을 소유했다고 해서 가치 생성에 기여한다고 할 수 있을까?

나의 경험상 임대인이 직접 살았던 임대주택은 거주인의 생활에 맞게 관리되었기 때문에 주택 품질이 월등히 좋았다. 이미 생활하기 좋게 적절히 구성되어 있으며, 임대인이 집에 가진 애정 때문에, 집에 문제가 있다고 하면 이미 인지하고 있는 문제라는

  주희·김사금

듯이 공감하며 즉시 고쳐주었다. 그런 이유로 나는 여러 나라를 거치며 살아왔지만, 나라와 관계없이 임대인이 살던 집이라면 믿음이 가고 선호하게 되었다. 반대로, 임대인이 그 집에 살았던 경험이 없을수록, 집에 문제가 생겼을 때 고치는 데에 무관심했고 집이 방치된 경우가 많았다. 임대인이 집을 여러 개 소유한 임대업자인 경우, 혹은 집을 잘 모르는 경우 어떤 문제가 생기면, 일단은 임차인의 잘못이라고 하여 내게 비용을 청구하려고 하거나, 웬만하면 고쳐주지 않으려고 하거나, 알아서 처리하라고 하기도 했다. 부모님이 한국에서 사시는 집은 처음부터 저렴한 재료를 사용한 아파트였고 분양 이후에도 항상 임대로만 거주했던 집이다. 임차인과 임대인의 방치로 바닥은 끈적이고 천장에는 곰팡이가 펴 있다. 세입자인 부모님도 어찌하지 못하고, 집주인도 집을 방치하는 바람에 이러지도 저러지도 못하는 상황이 되었다. 이러한 세세한 주택 품질은 실제 거주에는 중요하지만, 주택 크기라던가 완공년도 혹은 수리년도 등과 달리 수치화하기는 어렵기 때문에 임차인은 발품을 팔며 운에 맡기게 된다.

한국 민법 제654조, 615조와 최근 영국에서 내가 서명한 임차 계약서에 따르면 임차인이 임대인에게 임차목적물을 반환할 때 원상회복의무가 있다고 명시되어 있다. 임대인에게도 임차인에게도 현상 유지만이 의무로 부여된다. 그렇다면 임대주택을 개선할 기회는 없는 것일까? 집이 좋아지면 가장 혜택을 받는 사람은 임차인이다. 하지만 임차인은 집을 개선한다고 해도 직접적인 이득이 없다. 따라서 당장 불편하거나 큰 문제가 아니라면, 괜히 내 잘못으로 치부될까 봐 임차인은 '내 집도 아닌데'라며 웬만하면 참고 살다가 조용히 나가는 것을 택하게 된다. 임대인은 '내가 살 거 아닌데'라며 집을 최소한으로만 관리하게 된다. 누구도 이득을 보기 어려운 구조 속에서 집은 방치되어 그 상태가 빠르게 악화할 수 있다. 만약 임차인의 집 가꾸기로 인해 집 상태가 예전보다 좋아졌다면? 그리고 집을 잘 가꾼 임차인에게 혜택을 준다면, 집에 더 나아질 기회를 줄 수 있지 않을까?

주택의 질은 거주인의 정신 및 신체 건강과 밀접하게 연결되어 있음에도 불구하고 쉽게 간과된다. 한국의 경우 전국 기준 최저주거기준에 미달하는 가구의 비율은 2022년 기준으로 3.9%이다.[4] 이 기준[5]에는 구성인원별 최소 면적, 설비, 구조, 성능, 환경 기준을 명시하고 있으나 이 기준은 주로 신축 시 인허를 중심으로 해, 주택 임대차에는 적용되지 않아 주택 품질은 오롯이 개인 몫이다.[6] 영국의 경우에도 주택 품질(Decent Homes Standard)이 꽤 구체적으로 명시되어 있음에도 불구하고 23%의 민간 임대용 주택이 이 기준에 미치지 못한다(2022년 기준).

마치 식물을 키우듯 건물을 키워가며, 주택 품질을 개선할 수 있다면 어떨까? 식물이 자라는 데에 가장 중요한 요인은 지켜보고 돌보는 사람이다. 많은 관심은 오히려 필요없다. 주기적인 관심이 더 중요하다. 거주인은 거주하는 것만으로도 주택과 거주 동네의

---

4) "최저주거기준 미달가구 비율", 지표 누리, 2024.01.02.

5) "최저주거기준", 국토교통부, 2014.03.04.

6) 심윤지, "'전세사기' 피하려 골랐는데 '썩은 집'…'집의 품질' 의무는 없나", 「경향신문」, 2023.07.09.

 주희·김사금

변화를 가장 잘 알고, 반응하고, 돌보며 가꿀 수 있는 좋은 위치에 있다. 좋아진 주택 품질을 보고 임차료를 올리거나 쫓아내지 않는다고 임대인이 보장한다면 임차인에게 집을 더 잘 보살필 인센티브가 생긴다. 이로써 임대인은 주택 품질을 유지 혹은 상승시킬 수 있으며 노후화로 인한 피해도 줄일 수 있다. 결국 도시의 사회, 문화, 경제도 그것을 사용하고 활성화하는 사람이 있어야 성장한다.

식물이 자라듯 건물이 제공하는 다양한 서비스, 안전, 커뮤니티, 조경, 깨끗한 물, 에너지 절약, 생태 다양성의 가치가 함께 성장한다면? 이에 따라서 커뮤니티 서비스를 개발하고, 보수 및 위험 비용을 줄이고 보험비를 절약할 수 있다면, 그리고 누적된 데이터가 정책에 변화를 줘 오랜 시간 동안 잘 유지 보수된 주택과 가꾼 사람에게 인센티브를 줄 수 있다면? 물론 거주인이 이 역할을 잘하기 위해서는 거주인 멋대로 판단하는 대신 어느 정도 전문가의 의견이 바탕이 된 지침이 필요하다(물론 지침은 사용자가 사용하기도 이해하기도 쉬우며, 사용자의 동기에 부합해야 한다). 거주인이 지침에 따라 건물의 변화에 대처하고 전문가에게 알린다면, 집은 사용자와 이해관계자로부터 사랑을 받고 성장할 수 있지 않을까? 건물이 마냥 노후화하는 모습을 지켜보는 대신에, 잘 관리된 집은 더 나은 삶의 질로 사용자에게 보답한다. 그리고 더 나은 삶의 질을 제공하는 집은 가치가 올라간다. 누군가가 거주하고 거주 환경을 개선하는 점 자체가 집을 돌보는 행위이자, 건강을 지키고 금융 가치를 생산하는 행위가 된다. 꾸준한 모니터링은 곧 데이터 축적을 의미하며 건물의 지침을 점차 맥락에 적합하게 발전시킬 기반이 된다. 거주인이 단지 임차인이 아니라, 주택 품질을 돌보는 역할도 한다면, 집과 집을 둘러싼 공간을 돌보는 시스템을 구성해 볼 수 있지 않을까?

C. 거주한다는 것 - 2: 동네의 복합된 관계는 쌓여서 기반 시설이 된다.

한 장소에 거주하고 체류한다는 것은 그 하나의 공간만 사용한다는 것에 한하지 않는다. 이는 임차인이든, 본인 소유의 집에서 살던, 출근하던 비슷하게 적용된다. 체류자를 그 동네의 경제와 사회 문화를 활성화하는 주체자로 볼 수 있지 않을까? 그리고 당연히도 체류자의 기여로 활성화된 동네는 자산 가격이 올라간다. 동네에 물리적 공간과 산업 기반 시설(Hard Infrastructure, 예를 들어 수로, 도로, 전기 등)은 완공되는 순간부터 노후화가 시작된다고 볼 수 있을지라도 그 외의 물리 환경을 둘러싼, 녹지 환경, 안정성, 커뮤니티, 교육, 상권 등은 완공 이후부터 그 장소와 함께 성장한다.

동네 서비스 사용
↓
동네 서비스 활성화 및 사용자 필요에 맞게 변화
↓
동네 자산의 가치 변화

나의 고향인 분당은 올해 2024년에 약 33살이 되면서 건물은 노후 선고를 받아 재건축이 논의되고 있다. 반면 생활 기반 시설도, 녹지도, 교통도 이제는 제법 성숙해졌다. 교육과 안정된 환경이 좋아 가족을 꾸리러 분당으로 다시 이사 가는 친구들도 생겼다.

 주희·김사금

다양한 사용자의 체류가 곧 빈틈없는 공간 사용과 경제 및 사회 활동 활성화의 핵심이 아닐까? 나는 2021년부터 2024년까지, 지난 3년간 성수에 거주했다. 난생처음으로 여기서 쭉 살아도 좋겠다고 생각한 동네였다. 내가 살던 성수 주변에는 한강, 뚝도시장, 서울숲, 아파트, 금속 작업실과 인쇄소, 연무장길, 카센터, 물류 창고가 오밀조밀 모여 오래된 건물과 새로 짓는 건물, 다양한 기능의 건물이 혼재해 있다. 더불어 길이 좁고 학교가 많아 낮은 건물 사이를 걷기에도 좋으며 재미도 있다. 성수는 거주, 업무, 상업 시설이 모두 몰려있는 동네이다. 이러한 복합용도 동네에는 주일, 주말, 밤, 낮에 다양한 목적을 가진 사람이 빈틈없이 오간다. 성수는 오래된 동네인 동시에 초·중·고등학교가 곳곳에 분포해 있어 다양한 세대가 혼재된 동네이다. 내게 익숙한, 베드타운이자 계획도시인 분당과 서울의 다른 동네는 용도 분리가 분명하다. 이에 비해 성수는 이미 완성된 복합용도의 '15분 도시'로 제인 제이콥스가 제안한 개념이기도 한 보행 가능성(walkability)이 실행된 곳이다. 이런 성수도 약 10년 전에는 서울에서 가장 낙후된 동네였다. 2011년과 2016년 사이에는 인구가 18%나 줄었고, 건축물의 84.6%가 20년 이상 된 노후 건축물이었다.[7] 하지만 현재는 최근 주택, 상업시설을 막론하고 부동산 가격이 가장 많이 오른 동네이기도 하다. 성수의 변화와 성장에 여러 요인이 있겠지만, 완전히 부수고 새로 만드는 대신, 동네에 쌓인 복합적인 관계가 사회적 기반이 되었기 때문에 가능하지 않았을까?

---

7) 정원오, "〈도시재생〉 '수제화 1번지' 성수, 이야기 가득한 색깔있는 마을로", 정원오 성동구청장 블로그, 2016.12.01.

동네의 상권, 교육, 문화를 제공하는 사회 기반 시설[8]은 생활 인구[9]와 함께 시간이 지남에 따라 발전한다. 거주 기간이 길어질수록 생활도 안정되고 이웃과의 관계도 개선되어 주거 공간에도 만족하게 된다.[10] 거꾸로 말하면, 공간도 이웃과의 관계도 장기간 거주할 수 있어야 좋아진다. 반대로 단기 거주 방식인, 전월세가 많은 동네일수록 장기간 거주하게 되는 자가 많은 동네보다 거주 환경의 질이 떨어진다는 연구도 찾을 수 있었다.[11] 임차인이든, 자가에 살든, 거주인은 그 동네 경제, 사회 문화 활성화에 이바지한다. 장기간 거주할수록 동네와 관계를 쌓아 기반 시설을 발전시키는 데에 더 크게 기여할 가능성이 있지 않을까?

동네는 사람 없이, 도시계획으로만, 부동산만으로 성장할 수 없다. 동네는 거주인과 함께 그들의 필요를 양분으로 성장하고 변화한다. 동네는 길, 공원, 자연, 교통수단, 역사 문화 등의 공공과 민간 요소와 그 요소를 만들고 활용하는 사람들이 끊임없이 상호작용을 하며 그 동네만의 모습을 동네 사람들에게 맞게

---

8) 사회 기반 시설은 다른 말로 생활 SOC라고 한다. 생활SOC란 사람들이 먹고, 자고, 자녀를 키우고, 노인을 부양하고, 일하고 쉬는 등 일상생활에 필요한 필수 인프라를 의미 – 넓게 해석할 경우 일상생활의 기본전제가 되는 안전과 기초인프라 시설까지 포괄할 수 있는 열려있는 개념으로 보육, 의료, 복지, 교통, 문화, 체육시설, 공원 등 "일상생활에서 국민의 편익을 증진시키는 모든 시설"이라고 정의,「생활밀착형 사회기반시설 정책협의회 설치 및 운영에 관한 규정」제2조(국무총리 훈령), 건축도시정책정보센터.

9) 생활인구 = 등록인구(주민 + 등록외국인) + 체류인구(월 1회, 하루 3시간 이상 체류), 통계청, 2024.01.17.

10) 성진욱, 남진, "서울시 공공임대주택 주택성능과 주거환경 만족도에 미치는 영향요인", 대한국토도시계획학회, 2019.

11) 황광선, "주택점유형태에 따른 주거환경과 주거만족 연구", 서울도시연구, 2013.

주희·김사금

만들어 나간다. 거주민은 동네 경제의 소비자일 뿐 아니라 동네 요소들을 통합해서 돌보고, 지켜보고 응원하고 가꾸며 관계를 쌓아가는 주체자이다.

D. 사용자가 공간을 직접 가꿀 수 있는 시스템

잘 만들어진 공간을 만든 사람은 누구이고 이로부터 혜택을 받는 사람은 누구일까? 전문가들은 주택 문제와 주거환경 개선에 여러 가지 해결 방안을 제시한다. 그러나 그 어떤 것도 수혜자이자 기여자인 거주민이 당연하다고 여기는 표준과 규범(norm), 참여를 빼놓고는 변화를 논의하기 어렵다. 사용자가 단지 서비스 수여자일 뿐 아니라, 기여자로서 활동할 수 있는 환경과 조건을 만들어야 한다. 개별 공간을 포함하여, 도시와 건축은 초기 구축을 담당한 전문가인 건축가, 탑 다운 방식의 도시를 운영하는 행정가, 부동산을 중심으로 용어와 규율, 정책을 구성한 경우가 많다. 하지만 사용자의 행동 변화 없이 전문가의 힘으로만 잘 운영되는, 지속적인 가치를 생산하는 공간을 만들기에는 역부족이다. 직접 공간을 사용하고 경험하는 사용자 중심으로, 사용자의 관점에서 공간 생산, 유지(혹은 돌봄) 방식을 생각해 본다면? 사용자가 쉽게 참여해 공간을 그들의 필요에 맞게 변화시키면서 공간의 가치 상승에 이바지할 수 있다면 어떨까?[12]

---

12) 여기서 말하는 사용자 중심은 무조건 시민 의견을 듣고 반영하자는 것이 아니다. 시민을 포함한 이해관계자 모든 사람의 의견을 듣고 함께 간극을 채워나갈 수 있는 환경을 말한다. 그리고 결국 마지막에 남는 것은 시민이기에 이들이 이해하고 행동할 수 있는 시스템을 만들어야 한다는 뜻이다.

공간 사용자가 곧 건축주인 경우를 제외하고는, 사용자는 종종 건물을 구축하는 단계에서 제외된다. 건축기본법에 정의된 '건축'을 살펴보면, 건축이란 '건축물과 공간환경을 기획, 설계, 시공 및 유지 관리하는 것'을 뜻한다. 하지만, 이제까지는 건물을 유지 보수하고 잘 돌보는 것보다는 설계하고 건물을 만들고 사고파는 일이 중요시됐다. 신축이 더 많은 사업적, 경제적인 성장 효과가 있다고 여겼고 그것이 곧 성과를 만드는 구조였다. 그렇기에 대부분의 건축교육에서 무엇에 집중할지도 이에 따라서 결정하게 되었을 것이다. 사업에서도 어떻게 예산을 편성하고 집행할지, 어떤 기술을 발전시키고 투자를 할지, 어떤 결과를 성과로 여기고 조직에서 의사 결정을 할 때에 우선순위로 여길지는 생산 중심으로 구성되어 있다. 그렇기에 각 이해관계자가 각자 맡은 부분만 집중하고 결과물을 넘기면 나머지는 다음 이해관계자가 책임지는 구조가 되었다. 각자가 생산단계에서 맡은 부분만 집중하고, 구조의 끝에 있는 최종 사용자가 건물이 생산되는 기간보다 더 긴 시간 동안 공간을 책임져야 하지만, 정작 사용자는 공간의 사용 방식을 결정하고 그에 따라서 설계하는 생산과정에서는 배제되기도 한다. 떠맡은 책임의 크기에 비해 최종 결과물만 전달받은 사용자가 할 수 있는 것에는 한계가 있다. 하지만, 반대로 설계 단계에서 설계자가 상상할 수 있는 건축의 미래 범위는 한계가 있으며 모든 가능성을 예측하기는 불가능하다. 그렇다면 어떻게 공간의 다양한 미래를 준비할 수 있을까?

현재 건축 과정에서 사용자는 주어진 대로, 공간을 수동적으로 사용하는 역할을 할 수밖에 없는 구조이다. 사용자의 참여도,

주희·김사금

사용자를 대상으로 하는 건축교육도 이러한 수동적인 사용자의 역할에서 잘 벗어나지 않는다. 하지만, 사용자가 공간 변화에 기여하는 주체자이고, 공간의 크고 작은 변화를 기록하고 모니터링하며 직접 액션을 취하는 사람이라면? 공간이 현재 어떤 상태인지 공간의 건강 정보라던가, 공간을 사용함에 따라 그 공간이 사용자와 주변 환경에 어떤 영향(impact)을 미치고 있는지, 그리고 그 영향은 누구에게 이득을 주는 구조인지를 사용자가 이해할 수 있도록 재구성해야 한다. 그리고 쌓인 데이터는 더 나은 시스템을 만드는 기반이 된다. 이를 위해서는 다음을 고려해 볼 수 있겠다.

- **건축 → 공간**: 물리적 건축만이 아닌 공간 내의 비물리적 서비스(소유관계, 관리, 유지, 문화, 학습 등)도 함께 통합적으로 관리한다. 완공은 끝이 아니라 건물의 성장을 만드는 시작 지점이다.

- **사용자 중심**: 사용자 관점에서 공간을 만들고 쉽게 유지 관리할 수 있도록 언어, 동기(motivation)와 인센티브(incentive)를 사용자의 니즈에 맞게 재조정한다.

- **투명한 가치 관리**: 가치에 대한 기여와 그에 따른 인센티브가 투명하게 가시화되어야 참여할 동기가 생기고, 사용자가 이바지한 가치를 소통할 수 있을 뿐 아니라 성과 관리가 가능하다.

- **집합적인 가치 측정 및 관리**: 공간 내에 존재하는 다양한 규모 및 서비스를 건축 개별로 관리 및 측정하는 것은 한계가 있다. 여러 건축물의 영향력을 통합하여 측정해야 개별 건물의 부동산 가치를 넘어서 다양한 사회, 문화, 경제, 환경 가치 측정, 그에 따른 예산 분배와 효율적인 운영 방식을 통해 일정한 서비스의 질을 유지할 수 있다.

통합 생활 서비스로서의 집 챕터에서 이야기했듯이, 공간을 하드웨어에 한정시키지 않고 소프트웨어와 하드웨어의 조합으로 본다면, 사용자가 문제를 제기하고 필요한 액션을 행해야 하는 때가 언제인지, 이때 어떤 디지털 혹은 물리적 요소가 문제를 해결하거나 필요를 충족시켜 줄 수 있을지 확장해서 생각해 볼 수 있다. 서비스 디자인이나 UX 디자인에서 사용자 관점에서 서비스를 체계적으로 분석하고 접점을 찾아내고 개선하는 방법과 비슷하다. 예를 들어, 이사할 집을 찾는 사용자가 밟는 여정이라던가, 이사 나가게 되는 계기가 만들어지는 시점이라던가, 혹은 임차인이 집을 유지·보수하는 과정이라던가. 어떤 상황에 조치를 취하고, 어떤 과정을 거치고, 누구에게 연락하는지 등 공간을 사용하는 과정을 사용자 관점에서 공간 돌봄에 필요한 요인들을 찾고 연결해 볼 수 있다.

투명한 가치 관리 방식의 예시로 최근 많은 아파트 관리 앱들이 거주민들의 생활 속에 스며드는 것을 들 수 있다. 흩어져 잡히지 않거나 알기 어려웠던 정보들도 모두가 접근하기도 인지하기도 시간과 상황에 따라 달라지는 것을 비교하기도, 이해관계자끼리 소통하기도 쉬워졌다는 점이 흥미로웠다. 다양한 프롭테크(Proptech)[13]를 통해 비가시적인 정보들이 가시화되고 있다. 현재는 서비스 사용자가 정보를 받고 인지하는 데에 집중하고 기존에 존재하는 시스템을 디지털화하는 단계이다. 현재의 상태에서 더 나아가 관리하며 쌓은 데이터가 더 나은 설계안, 투자 방향, 예산 분배에 영향을 주고, 모든 이해관계자가 직접 참여하고 이바지하

---

13) 프롭테크(Proptech)는 부동산(Property)과 기술(Technology)의 합성어로 부동산 산업과 기술, 소프트웨어의 교차점에 위치한다.

 주희·김사금

며 비교적 잡히지 않던 공간의 가치를 함께 바꿔 갈 수 있도록 하는 다양한 협력의 돌봄 구조를 상상해 볼 수도 있을까?

다른 예시로, 공간 설명서를 사용자에게 맞게 구성해 보는 것도 투명하게 가치를 관리하는 방법이 될 수 있겠다. 현재 건축물 사용 설명서는[14] 행정과 공공 관리 목적에 치중되어 있다. 영국의 공공 기관 건물에 적용하는, 사용자가 건물 품질 피드백을 기록하는 "사용 후 평가(Post Occupancy Evaluation[15])"도 비슷한 한계를 가진다. 이러한 설명서를 사용자가 이해하고 접근하기 쉽게, 사용자가 필요한 상황에 재구성하여 디지털화하는 것도 상상해 볼 수 있다. 사용자가 사용 설명서를 활용하는 것 자체가 돌봄 행위가 될 수 있다면, 설명서를 아파트 관리 앱과 연결해 어떤 효과가 있는지, 어떤 위험을 줄이고 있는지를 분석한다면? 이를 기반으로 공간을 돌보는 행위에 인센티브를 부여할 수도 있지 않을까? 더 나아가 건물에 문제가 생겼을 때 추적하기도, 수리하기도 쉬워질 수 있지 않을까? 보험금과 수리비가 사용자가 공간을 돌봄으로써 축적한 인센티브와 연결된다면? 쌓인 데이터는 건물을 더 효율적으로 설계하는 새로운 방안을 적용해 보고자 할 때 증거가 될 수도 있다.

여기서 한 걸음 더 나아가, 하나의 건물뿐 아니라 그 인근의 환경까지 통합하여 측정할 수 있겠다. 통합하여 측정하는 방식으로는

---

14) 여혜진, "건축물 사용설명서 도입에 관한 정책 방향 연구", auri 건축공간연구원, 2016.11.10.

15) *Post Occupancy Evaluation: an essential tool for the built environment*, RIBA, 2020. 11. 26.

아파트 관리 앱과 연결하여 그 동네의 집합주택 및 단독주택 조경이 생태계의 다양성에 얼마나 이바지하고 있는지를 측정하고, 혹은 한 동네에서 나무를 키우면서 그 동네 미세먼지, 온도 변화 혹은 홍수 위험을 모니터링하거나 동네 주민과 함께 에너지 효율성 데이터를 수집할 수 있다. 사용자의 궁금증과 요구에 맞추어 이 과정을 안내하고 상호작용을 하는 방법도 상상해 볼 수 있다.

그동안 사용자는 공간을 닳게 하는, 수동적인 역할로 여겨져 왔다. 건축가, 도시 계획가, 정책 결정자, 부동산 개발자 등 전문가의 이해관계에 따라 운영되고 이미 만들어진 공간을 주어진 대로 사용할 수밖에 없는 사용자는 수동적인 역할을 맡게 된다. 하지만 그 당시에는 사용자의 니즈에 맞추어 만들어졌다고 해도 시간이 지나고 공간을 사용하다 보면, 초기 공간을 만들 적에 구상한 공간의 미래와 똑같이 부합하는 경우는 많지 않다. 공간의 운명과 미래는 사용자가 공간을 사용하면서 계속해서 변화한다. 그렇기에 사용자는 건물이 구축될 때 정해진 미래를 수동적으로 따라가는 역할이 아닌, 공간을 사용하면서 변화를 지켜보며 공간의 다양한 미래를 상상하고 실현할 수 있는 능동적인 주체자가 될 수 있고 그 역할을 하는 데에 가장 적합하다. 공간에서 사용자의 역할을 새롭게 생각하고 이를 실현할 수 있는 방식은 지속적으로 성장하는 공간을 상상하고 현실화하는 데에 밑거름이 될 수 있다고 생각한다.

흐르는 건축: 변화에 취약하지 않은 아름다움 _ 김사금

권위 없이 타인에게 근거 없는 이야기를 늘어놓을 수 있을까?

안녕하세요. 제 이름은 김사금입니다. 원래는 서론에서 '안녕하세요'라고 운을 떼는 식의 글보다는 더 형식적으로 갖춰진 논리적인 글을 쓸 계획이었으나 참혹하게 실패했습니다. 다 쓰고 보니 허세 가득한 글이 되었답니다. 그런 제 글을 읽고서 담당 편집자와 저와 이 기획을 같이한 주희 님은 제가 하고 싶은 이야기가 근거를 가지고 주장하는 글이 되기에 역부족이라고 하셨습니다. 글이 객관적이지 않고, 주관적으로 보이는 근거들이 글쓴이의 주장에 반발을 일으킨다는 피드백이었습니다. 스스로가 부끄러워지는 피드백이었지만 그래도 잘 생각해 보니 그렇게 된 이유를 알겠더군요. 저는 오랫동안 건축에 대해서 혼자 질문하고 혼자 답했습니다. 질문하고 답하는 그런 과정을 딱히 다른 사람과 공유할 기회가 없다 보니 제가 생각하는 방식이 허공에 떠 있다는 생각을 하지 못했습니다. 저에게 직관적으로 와닿는 것이 타인에게는 근거 없는 이야기처럼 들림을 알게 되었습니다. 그렇다면 피드백을 받은 이후에 밟아야 할 다음 단계는 논리를 가지고 기존의 생각을 재구성하는 것이겠지만 오히려 저는 저에게 와닿았던 직관적 사고를 글로 풀어보고 싶습니다.

'나의 직관을 타인에게 어떻게 전달할까?'라는 질문이 자연스레 떠오릅니다. 나와 연결되지 않은 타인을 나의 세계로 어떻게 끌어들일 수 있을까요? 논리적 근거가 명확하지 않은 어떤 주장이 설득력을 갖추기 위해서 오직 권위에 의존할 때도 있습니다. 모두가 그 사람의 성공을 인정한다면 그 주장이 받아들여지기도 합니다. 우습고 귀엽게도 저는 권위가 없는 사람입니다. 이렇다 할 권위가 없습니다. 우선 돈도 없고 경력도 짧고 요새는 머리도 빠지고 있습니다(머리털 권력마저 잃고 있어요). 가끔 저는 서점에서 책을 고를 때, 저를 웃게 하는 서문의 소박한 농담에 마음을 빼앗겨 책을 사는 경우가 있습니다. 유명한 작가가 아닐지라도요. 여러분은 그런 경험이 있으신가요? 농담이란 매우 적은 양의 정보지만 글쓴이에 대해서 많은 정보를 던져주기 때문이겠죠. 그런 의미에서 본다면 인간적인 끌림은 권위와는 다른 방식으로 타자의 직관을 듣고 싶게 하는 방법일지도 모르겠습니다. 지금 저는 매우 건방지게도 읽는 이를 꼬셔서 내 생각을 듣도록 하겠다는 생각을 하고 있습니다. 그런 의미에서 글을 시작할 때 인사를 건넸답니다. 다시 한번 인사 올리겠습니다.

안녕하세요? 제 이름은 김사금입니다. 저는 십대에 소망했던 건축을 대학교에서 전공했고 지금은 건축설계 분야에서 일하고 있습니다. 대학교 전공 내내 마감이 싫어서 도망 다녔습니다. 제 머릿속에 있는 멋진 것들을 음미하는 것, 복잡한 설계를 풀어나가는 것에 매료되었지만 실제로 제 설계를 남에게 보여주고, 소통하고, 평가받는 것을 매우 두려워했습니다. 혼자만의 세계에 갇혀 답답한 시간을 꽤 길게 보냈고 지금은 빠져나오는 과정 중에 있습니다. 건축은 좋아했지만 건축 교육에서 마주하는 크리틱 방식에는 저에게 폭력적으로 느껴지는 부분이 있어서 너무나도 싫어했습니다. 저를 가르치신 선생님들 눈에는 한심한 학생이었겠지만 불행 중 다행으로 이런 사람을 긍휼히 여겨주신 선생님이 계셨기에 무사히 졸업할 수 있었습니다. 마감이 싫어서 도망 다니고 크리틱에서 교수님들이랑 싸우기만 한 사람은 당연히 건축학과에 이렇다 할 친구가 없습니다. 무슨 복인지 같이 이야기할 수 있는 주희님을 만나 머리 속에 있던 생각들을 다 꺼내어 놓고 보니, 생각을 공유하고 표현하는 것과 그것을 타인과 나누는 것의 가치를 이제야 조금 알 것 같습니다. 꺼내 보았을 때 보이는 것이 진짜 모습입니다. 나가 나의 생각을 정말로 아낀다면 밖으로 꺼내 놓아 제대로 만나야 했습니다. 대학 시절의 오만함과 무지에 대한 반성으로 글을 시작하고 싶습니다. 여전히 오만하고 무지하지만 나아지겠죠.

권위에 반하는, 변화를 허용하는 건축적 아름다움이 있을까?

왜 '어떤' 대가들의 '어떤' 공간은 사진보다 별로인가? 라는 의문이 질문의 시작이었습니다. 어떤 건축 대가들의 어떤 공간은 사진보다 별로라는 생각이 들었습니다. 그래봤자 제가 가진 예시는 많지 않습니다. 사진보다 훌륭한 공간도 분명히 있기 때문에 어쩌면 이런 일반화는 옳지 못하다는 생각이 들기도 합니다. 그럼에도 몇몇 개의 좋지 못한 공간들에는 공통점이 있습니다. 제가 생각하기에 좋지 못한 공간의 공통점은 건축을 만들어 나가는 주류 문화에서 파생되는 것 같습니다. 그렇지만 제가 말하는 건축의 주류 문화가 무엇인지 전달할 수 있어야 거기에서 파생된 '좋지 못한 공간의 특성'이 무엇인지 설명할 수 있을 것 같네요. 무엇을 주류 문화라고 할 수 있을까요? 저는 건축 전문인의 생애에서 3가지 요소를 주류 문화로 생각했습니다. 우선, 전 세계적으로 동일한 도제식 건축 교육입니다. 도제식 건축 교육에서는 교수와 학생이 개인적으로 관계 맺고, 크리틱이라는 평가가 이루어집니다.

그다음은 이러한 도제식 교육에서 연장된 실무입니다. 교수는 소장 혹은 상사로, 학생은 직원으로 재배치되지만 본질적으로 교육방식과 다르지 않습니다. 마지막으로 집단적 정체성을 내세우기보다 건축가 개인으로서 사회적인 입지 쌓기를 최종 목표로 삼는 것입니다. 그래서 결국 건축가 개인이 그가 세운 회사 그 자체가 되고 그가 세운 건물 그 자체로 인정받는 것이 제가 생각하는 주류 문화의 요소입니다. 그리고 이 세 가지 요인들은 단계적으로 순환하는 닫힌 구조로, 하나의 톱니라도 빠지면 전체가 작동하지 못합니다. 제가 생각하기에, 이 닫힌 구조에 좋지 못한 공간을 생산하는 요인이 있습니다.

제레미 틸은 그의 저서 『불완전한 건축』에서 건축 교육이 학생들에게 현실과 괴리된 정체성을 형성시킨다고 했습니다(그러나 제레미 틸 본인은 건축 대학 교수입니다). 그리고 이런 괴리된 현실감각은 학생 신분에서 벗어나 실무자가 되어서도 이어진다고 말합니다. 학생 때 주입된 폐쇄성은 간섭받지 않고 건물을 설계할 수 있는 자율성이라는 새로운 것으로 둔갑합니다. 겉으로 보기에는 좋은 명목처럼 보입니다. 많은 사람들이 안토니오 가우디의 후원자였던 에우세비 구엘(Eusebi Güell)처럼 온전한 자율성을 자신에게 보장해 줄 사람을 바라는 것 같습니다. 저는 그 길에 반감이 들고 망하는 길이 아닌지 의심합니다. 좋지 못한 공간이 자율성으로 둔갑한 폐쇄성에서 비롯될 수 있다고 생각하기 때문입니다. 그리고 이 폐쇄성에 새로운 이름이 필요할지도 모릅니다. 제가 경험한 좋지 못한 공간을 일부 사례를 들어서 이야기해 보겠습니다.

　주희·김사금

나름 유명한 건축물을 답사해 본 경험이 있으시다면 사진과 달리 쇠퇴한 공간을 보신 경험이 있지 않으실지 추측해 봅니다. 저의 경우에는 승효상의 〈쉿대 박물관〉 그리고 김인철의 〈김옥길 기념관〉이 그러한 실망스러운 건축 답사였습니다. 두 가지 구체적 건물에서 발견한 '좋지 못함'은 단순합니다. 시선이 많이 가는 창 앞에 짐이 쌓여있었습니다. 일반적으로 보기에 별것 아닌 것처럼 보이는 창가 앞의 짐은 저의 배움과 완전히 불일치하는 충격적인 현실이었습니다. 답사 당시 저는 건축학과 저학년이었고 그동안 제가 배운 것은 정교한 창문 위치 계산으로 빛이 들어오는 모양과 각도를 조절해서 공간의 분위기를 연출하는 것이 사용자에게 뭔지 모를 중요한 것을 준다는 것이었습니다. 그러나 실제 공간에서는 창가에 많은 짐이 놓여 있었습니다. 그것도 가장 조형적으로 강조된 공간, 미학적인 고려가 많이 된 공간에 가득한 짐이라니. 건축을 향한 환상이 깨지는 순간이었습니다.

환상이 없어지고 그 자리에 환멸이 들어섰다면 다음으로는 어떤 단계를 밟아야 할까요? 제가 정말 좋아하는 것(공간을 통한 환대와 연결의 가능성)이 제가 정말 싫어하는 것(타자를 거부하는 폐쇄성과 근대적 자아상)과 아주 유기적으로 연결되어 있다면 통째로 버리기보다 정밀한 수술로 둘을 분리해야 한다고 생각했습니다. '좋지 못한 공간'의 특성을 좀 더 구체적인 언어로 표현할 수 있었습니다. 하나는 '수동적 이용자 가정'이고 다른 하나는 '시각만 이용한 공간 설계'입니다. 짧고 강하게 전달하기 위해서 그럴듯한 단어를 조합해서 어구를 만들었습니다만, 굉장히 단순한 이야기입니다.

‘수동적 이용자 가정’에서는 권력의 냄새가 납니다. 제가 경험한 건축 교육에 한해 설명하자면, 공간이 사용자의 편의를 위해서 만들어짐에도 불구하고, 사용자는 매우 수동적인 외부자로 상정됩니다. 공간 사용자는 임의로 상정되고, 건축인이 공간을 설계할 때와 설계된 공간을 표현할 때 사용자에게는 요정 같은 느낌이 있습니다. 공간의 주인(과연 누굴까요?)이 제공하는 각종 프로그램을 경험하고 아무 흔적을 남기지 않고 사라지기 때문에 이 사람들은 실제 사람이라기보다는 요정입니다. 저는 특히 건축을 표현하는 최종 렌더링이나 투시도에 이 사람 아닌 요정들이 소환되는 것을 싫어합니다. 요정이라고 한들 자기 욕망이라는 것이 있을 텐데 설계 막바지에 꼭 여기저기 요정의 이미지가 남발됩니다. 이런 저의 불만은 실제 사람에 대한 정밀한 고려 없는 표현방식이 싫다는 개인적인 불호지만, 왠지 모르게 이면에 숨겨진 음침한 전제가 표현되는 방식일 수도 있겠다고 생각합니다.

사람을 수동적으로 표현하는 이유가 마감을 지키느라 아무렇게나 브러시로 찍찍 찍어서가 아니라 사용자가 수동적이어야만 하는 것은 아닐까? 하는 생각이 들었습니다. 사람 개개인이 중요치 않아야만 부각될 수 있는 가치를 렌더 이미지가 표현하는 것이 아닐까요? 저의 가정은 건축적 아름다움이라고 배웠던 것들이 권위의 유산인 것이 아닐까 하는 것입니다. 예를 들면 작은 매스와 큰 매스의 차이에서 오는 리듬감, 큰 공간을 비워두어 끌어들이는 빛, 같은 조형 유닛을 여러 개 조합하여 만들어진 면 또는 볼륨의 촘촘한 구성감 등등. 사람마다 받는 느낌은 다르겠지만, 저에게만큼은 앞의 건축 조형 언어들은 웅장함이나 비장함을 전달한다고

주희·김사금

생각합니다. 이 느낌은 개인보다는 집단을 향해 있고 실존하는 구체적 집단보다는 추상적인 집단의 정신 혹은 더 추상적인 무언가에 대한 호소 같습니다. 제가 말하고 싶은 것은 건축에서 주로 표현되는 이 '아름다움'은 사실 매우 구체적인 정치적 선전의 파생물이 아닐까 하는 것입니다. 건축은 멀리서 보면 그냥 시각적 조형 정보고 이용자에게는 편의가 있는 물리적 실체인데 말이죠. 그런데 우연히 사상가 지두 크리슈나무르티가 권력 추구의 본성을 통찰한 것에서 저는 실마리를 얻었습니다.

하지만 관료주의에서 끌어낸 것이든 자신이 신이라고 부르는 자기 투사에서 끌어낸 것이든 간에, 어떤 형태로든 권력을 추구하는 사람은 여전히 고립시키는 과정에 사로잡혀 있습니다. 그것을 아주 자세히 조사해 보면, 권력욕은 그 본질상 폐쇄시키는 작용임을 알게 될 겁니다…(중략)… 자 그렇다면, 권력에 대한, 지위에 대한, 권위에 대한 욕망 없이 세상에서 살아갈 수 있을까요? 물론 그럴 수 있습니다. 자신보다 큰 무엇인가와 자신을 동일시하지 않을 때 그렇게 할 수 있습니다. 더 큰 어떤 것, 즉 정당이나 나라, 인종, 종교, 신 같은 것들과 자신을 동일시하는 것이 권력 추구입니다.[1]

건축의 아름다움이 정확히 지두 크리슈나무르티가 설명한 권력을 추구하는 성질과 맞아떨어진다고 생각했습니다. 건축에서 전달하려는 아름다움은 크게는 개인을 국가, 종교, 숭고한 정신 등 추상적 관념 속에 파묻어서 개인을 보이지 않게 하는 데 있는 것 같습니다. 갑자기 개인적인 이야기를 하자면 스스로를 파묻어 버리고 싶었던 10대를 벗어버리지 못하고 청년기의 우울함을 정통으로 맞았을 때 매달렸던 것이 안도 다다오의 〈빛의 교회〉

---

1) 지두 크리슈나무르티, 정재현 역, 『관계에 대하여』, 고요아침, 2009, 28~31쪽.

의 그 직진하는 빛의 이미지였습니다(이것은 승효상의 〈쉿대 박물관〉 및 김인철의 〈김옥길 기념관〉의 이미지와 같은 장르 같습니다). 그러나 이것이 나쁘다고 할 이유가 있을까요? 누군지도 모르는 사상가가 말하는 권력 추구의 본질과 건축에서 추구하는 것이 일치한다고 한들 무슨 상관입니까? 현실을 왜곡해서 보고 풍차를 향해 돌진하는 사람인 돈키호테 같은 느낌이 듭니다. 건축 전문인 생애의 끝자락에서 스스로를 인정받지 못한 예술인이라 상정하고, 세상이 자기를 알아주지 않는다며 비관하면서 몇몇 유명한 건축가들을 질투하기에는 인생이 아깝습니다. 관념을 추구하는 건물들은 많을 필요가 없고 많으면 안 됩니다. 사람이 공간 속에 생동하는 것이 아니라 공간의 비장함을 방문자의 형태로 관조하기만 해야 하는 관념적 건물은 현대 사회에서 많이 필요하지 않습니다. 몇몇 종교 건물, 브랜드 이미지가 중요한 대기업 사옥, 미술관과 박물관 등 생활감이 없는 동일한 이미지를 유지해야 하는 건물들입니다. 그래서 큰 돌봄 노동이 필요한 이런 건물들은 사회적으로 적어야 합니다. 반대로 생각하면 관념적 건물에서 사용해야 할 공간 구성을 일상적 건물에 사용해서는 그 공간은 필연적으로 쇠퇴합니다. 문제는 관념적 방식의 공간 구성 외에 공간에서 미학적인 시도를 할 수 있는 방법을 알지 못한다는 것입니다. 관념적으로 공간을 구성하지 않았을 때 다시 학생 때의 교수자와 나의 일대일 대화로 돌아가서 '특징이 없는 공간이다. 이건 건축이 아니야.'라는 피드백을 받게 될지도 모른다는 두려움이 생기는 걸까요? 건축에서 권력을 추구하지 않을 방법이 있을까요? 내가 아닌 거대한 것과 나를 동일시하지 않고, 건축적 아름다움을 만들어낼 수 있는 방법이 있을까요?

 주희·김사금

시각적 공간 인지는 공간의 변화를 거부하게 만듭니다. 시각만 이용한 공간 설계는 앞에서 꼽은 두 가지 건축 공간의 '좋지 못함'을 유발하는 요인 중 하나였습니다. 이 요인을 두 번째로 둔 이유는 첫 번째 요인인 '수동적 이용자 가정'에서 문제를 제기하고, 두 번째 요인인 '시각만 이용한 공간 설계'에서 해결의 실마리를 이야기하고자 했기 때문입니다. 앞에서 전개한 내용을 정리해 보면, 좋지 못한 공간의 첫 번째 요인으로 수동적 이용자 가정을 꼽았고, 건축에 고립으로 귀결되는 권위 추구의 속성이 있다고 의심했습니다. 그다음 고립시키지 않으면서 건축에서 아름다움을 만들어낼 수 있는 방법이 있을지 질문합니다. 건축에서 대안적인 아름다움이 있을까 하는 문제 제기입니다.

여러분은 시각만 이용한 공간 설계라고 하면 무엇을 연상하시나요? 설계에 시각만 이용하다니 당연히 잘못되었다는 의문이 드시나요? 아니면 제가 무엇을 문제 삼고자 하는지 모르겠나요? 그것도 아니면 시각만 이용해 설계하는 사람이 어디에 있냐는 생각이 드시나요? 저는 시각만 사용하여 설계한다는 의견에 동의하는 분들이 없지 않을까 합니다. 보통 설계할 때 우리는 머릿속에서 시뮬레이션을 돌립니다. 저의 경우는 사람을 상상하고, 그 사람이 공간을 어떤 식으로 체험할지 머릿속에서 시뮬레이션하며 설계합니다. 마치 꿈을 꾸는 것과 비슷합니다. 그리고 그렇게 할 때, 제가 느끼는 쾌감과 불쾌감에 따라서 공간의 큰 구획을 수정하거나 보완합니다. 이런 총체적 경험의 상상에 어떻게 시각만 있겠습니까. 다만, 예술적 실험이 아니라 일상적 건물로써의 최종적 결과물은 시각 정보 없이 이루어지지는 않는 것으로 저는 알고 있습니다.

본론으로 들어가기 전에 두 가지 경험을 나누고 싶습니다. 때는 2018년, 제가 베니스 건축 비엔날레를 구경할 때였습니다. 작품의 이름은 잘 생각나지 않지만, 한 인도네시아 작가는 공기의 흐름(바람)을 가지고 공간을 구성했습니다. 이것은 물리적인 벽을 촉각적으로 대체하는 것으로써 상정된 것이 아니었습니다. 공기의 흐름으로 총체적인 공간 인식을 번역한 것에 가까웠습니다. 당시 저는 공간을 딱딱한 물리적 실체를 통해서 구성된 것으로 생각했는데, 벽과 같은 형태가 없이도 공간 인식에 최종적으로 닿을 수 있었습니다. 이러한 인식의 전환이 얼마나 놀라웠을지 상상이 되시나요? 또 다른 경험을 소개하겠습니다. 온라인에 업로드된 건축 다큐멘터리를 본 적 있습니다. 이 다큐멘터리는 건축에 대해서 아는 사람들이라면 다들 들어봤을 법한 공간에 대해서 다루는 데도 저를 놀라게 했습니다. 유명세로 알게 된 공간에 소리가 있다는 점이었어요. 물론 '당연히 공간에 소리가 있지 무슨 소리야.'라고 반론을 제기할 수 있습니다. 그러나 제가 발견한 바는 공간을 시각이 아닌 청각으로 전환했을 때 인식이 달라진다는 것이었습니다. 설명을 위해 임의의 공간을 상상해 보겠습니다. 방 3개, 욕실 2개인 집의 평면을 상상해 보겠습니다. 안방인 침실 1과 그보다 작은 침실 2가 있다고 합시다. 침실 1은 현관과 거실을 지나 안쪽에, 이와 달리 침실 2는 현관 바로 앞에 위치합니다. 이런 배치상의 이유로 침실 1을 바라보면서 동시에 침실 2를 바라볼 수 없습니다. 반면에 청각은 두 공간을 동시에 감각하는 것이 가능합니다. 침실 1에서 발생한 소리와 침실 2에서 발생한 소리는 중첩되어 들립니다.

따라서 공간을 시각정보로 인식하는 것에서는 한계가 있습니다. 공간의 총체적 인식은 시각 정보만으로 전달되기 어렵다는 점입니다. 시각적 정보는 인지되는 순서가 있고, 이에 따라 부분과 전체로 정보가 구분됩니다. 물론 평면도에서는 전체적으로 공간을 인식할 수 있지만, 실제 사용자는 공간을 부분적으로 인식할 뿐입니다. 시각의 특성상 무언가 중첩되면 정보가 크게 왜곡됩니다. 따라서 부분적으로 인지된 공간의 이미지에 순서를 부여하여야 전체를 볼 수 있습니다. 저는 앞에서 소개한 두 가지 경험을 통해서 시각을 주요 매체로 공간을 다루는 것의 한계를 느꼈습니다. 따라서 공간의 아름다움을 시각적으로 찾으려 하는 시도에서 벗어나 사용자가 공간을 인식하는 방식을 반영하여 설계자가 공간을 만들어낼 방법을 고민해야 하지 않을까 생각합니다.

두 가지 감각 정보가 있다고 가정하자.
시각정보의 중첩과 청각정보의 중첩은 어떻게 다를까?

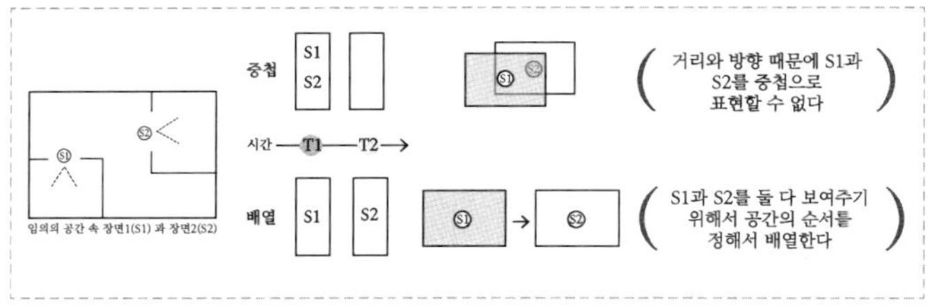

공간에 관한 시각정보는 중첩을 할 수 없기 때문에 배열을 이용한다.

그럼 이제 저의 과격한 가정을 들어보시죠. 우리는 공간에서 시간이 흐르는 것을 공간 이미지의 순서를 정하는 것과 혼동합니다. 그래서 우리가 만든 공간에 시간이 흐르지 않고, 변화를 거부하기를 바라는 것이 아닐까 합니다. 그래서 자연스레 건축가가 납품한 설계안이 곧 완성된 공간이라고 보고, 공간이 겪는 변화를 손상이라 여기는 것이 아닐까요? 그러나 공간이 변화를 거부하기만 한다면 공간은 쇠퇴합니다. 반면 공간의 변화를 자연스러운 것으로 받아들이면 공간은 적응합니다. 변화에 취약할 수밖에 없는 건축적 아름다움은 그것이 순간적으로 아름답다고 해도 거부해야 합니다.

살아있음과 변화의 '추함'을 건축은 포용할 수 있을까?

앞의 이야기를 정리해 보겠습니다. 쇠퇴하는 공간의 좋지 못한 특성에 대해서 의문을 품고 이유가 무엇인지 고민하다 시각을 주로 이용하는 설계 방식에 원인이 있지 않을까 하는 추측을 했습니다. 공간을 시각적으로 인지하는 것이 잘못되었고, 마치 다른 감각을 동원해야 하는 것처럼 유도하기도 했습니다. 사실은 시각 중심주의가 변화에 거부하다가 시간의 흐름에 따라서 허물어지는 공간이 창출되는 이유가 아닐지 추측해 봅니다. 그리고 그렇게 되는 이유가 시간의 흐름이 야기하는 혼동 때문이 아닐지 생각했습니다. 그렇다면 앞으로 우리(우리 속에 숨은 나)는 어떻게 해야 할까요? 사실 저도 잘 모르겠습니다. 공간의 변화를 적극적으로 반영하고 싶어도 천 가지, 만 가지로 뻗어나갈 미래의 변화를 어떻게 고려하겠나 싶습니다. 게다가 그런 미래에 있을 공간의 변화를 고려하는 것은 새롭지만은 않고 항상 있었던 일입니다. 청각을 동원해서 설계하라는 것인가요? 그도 아니면 사용자의 참여를 통해 공간을 창출하고자 했던 참여건축의 의미를 되새김질해야 할까요? 담론적으로 논해졌지만 실상 실행되지 않은 무질서의 디자인을 외치며, 통제를 놓고 제도에서 벗어날 용기를 가져야 할까요?

답은 저도 모릅니다. 다만, 지금의 건축에 일관성을 유지하기 위해 쏟아지는 돌봄 비용에 비해 실제로 공간의 역할을 잘 수행하고 있지 못하다고 생각할 뿐입니다. 공간에는 현재의 사회적 요구(건축법에서 정해진 도로와 건물의 관계, 용도에 맞는 설계안, 장소성의 요구 등등)가 부여됩니다. 이것이 유지되는 동시에 새로운 사회적 요구도 부여됩니다. 새로운 사람과의 만남, 환경 변화에 대한 대응 등이 그것입니다. 요구가 크건 작건, 두 가지 모순된 역할이 요구됩니다. 변화에 적응하지 못하는 공간은 쇠퇴합니다. 쇠퇴하지 않는 것처럼 보이는 딱딱한 공간들은 사실은 큰 권위의 힘을 받는 공간이라고 생각합니다. 앞으로의 공간 창출자들이 권위의 힘을 빌려오는 대신에 변화에 취약하지 않은 아름다움을 공간에 부여할 수 있기를 바랍니다. 살아있기 때문에 변화하고, 변화하기 때문에 추하다면 사실 그 '추함'이 아름다움일 수 있지 않을까 생각합니다.

재생산의 탑

도시읽기모임

이번 기수 도시읽기모임은 구병모 작가의 『네 이웃의 식탁』을 읽었습니다. 마침, 읽기로 한 이 책이 돌봄과 관련 있는 주제라 옳다구나 하고 모임장이 글을 같이 쓰자고 다시 한번 모임원들을 꾀었습니다. 이쯤 되면 「SOFA」 5호까지 빠짐없이 도시읽기모임의 글이 들어갔으니 우리는 매 호 글을 쓰는 것이 운명이라고 생각하게 됩니다.

『네 이웃의 식탁』은 꿈미래실험공동주택이라는 정부 주도 공동주택에서 이루어지는 일을 다룹니다. 이 주택은 유자녀 부부가 자녀를 최소 셋 이상 갖도록 노력하겠다고 다짐해야만 입주할 수 있습니다. 그 때문에 입주 신청서를 낼 자격은 이미 자녀가 1인 이상 있는, 즉 인구 생산 능력이 증명된 만 42세 미만의 한국 국적을 지닌 이성 부부에게 한정되어 있습니다. 입주 우대 조건은 기존에 자녀를 2인 이상 둔 부부, 더불어 둘 중 한 사람만 직장에 다니는 부부로 명시되어 있습니다. 무척 현실적이죠? 이 소설은 공동주택에 사는 네 가족의 이야기입니다. 서요진과 전은오, 홍단희와 신재강, 조효내와 손상낙, 강교원과 고여산. 이렇게 네 쌍의 부부가 등장합니다.

우리는 소설을 정말 재밌게 읽었고 즐거운 이야기를 많이 나눴습니다. 개인과 개인이 만나 가족을 이루고 여성의 몸으로 재생산하는 일부터 나라에서 지원해 주는 공공임대주택의 방향성까지 많은 대화를 장난스럽지만 진지하게 나눴습니다. 이야기를 나누던 도중, 현실에서 흔히 볼 수 있는 신혼부부 임대주택이 마치 '재생산의 탑' 같다는 생각을 나눴습니다. 이러한 임대주택은 주로 아파트(=탑)이고, 신혼부부들에게 집을 시세보다 싼 값에 제공해 많은 입주 여성이 임신(=재생산)하기 때문입니다. 이렇게 이름 붙이고 나니 만화 제목 같기도, SF소설 같기도 합니다. 그러던 와중 우리는 전세로 살면서 아이를 세 명 낳으면 20년 후에 시세보다 20% 저렴하게 아파트를 매수할 수 있는 신혼부부 임대주택이 서울 재건축 아파트에 공급된다는 기사를 보았습니다. '이건 그냥 소설 그 자체잖아?' 하며 사실 우리가 읽은 책은 소설이 아니고 사례집인 것 같다는 이야기를 나누었습니다.

도시읽기모임은 이번에 5명의 모임원이 각각 소설에 나오는 네 가족을 맡고, 남은 한 명은 끝에 나오는 새로 입주하는 가족 이야기를 맡아서 글을 썼습니다. 이 글이 우리 모임원들의 돌봄에 대한 견해를 엿볼 수 있는 기회가 되길 바랍니다. 아, 그리고 모든 독후감이 으레 그렇듯이 다수의 스포일러를 담고 있습니다. 짧고 술술 읽히는 책이니 책을 읽고 이 글을 읽는 것을 추천합니다.

 도시읽기모임

수많은 평가들 사이에서, 정상성 _ 민선

조효내(여)와 손상낙(남)

『네 이웃의 식탁』에서 돌봄은 가내에서, 특히 양육이라는 형태로 드러난다. 양육이라는 돌봄은 돌보는 존재인 보호자와 돌보아지는 존재인 어린아이의 상호가 있어야 성립한다. 다른 돌봄 역시 그렇겠지만 양육은 돌보는 존재에게 구체적인 에너지와 노동, 시간과 헌신을 끝없이 요구한다. 이 노동을 무급으로 제공받기 위해서 사회는 다양한 시스템으로 돌보는 존재, 주로 여성을 압박하고 무력화한다. 여성이 일할 수 있는 직무 분야를 제한하거나, 급여를 최저로 제안하거나, 또는 돌봄을 신성화시킨다. 이 과정에서 여성을 사회에서 밀어내고 집 안으로 유도해 정상 가정을 생산한다.

즉 돌봄은 행위 자체로도 관계성을 가지며, 돌보는 주체도 사회에서의 관계로 만들어진다. 『네 이웃의 식탁』에 등장하는 효내 역시 복잡한 관계 사이에 있는 존재다. 그는 외부적 요인으르 인해 돌봄의 주체로 선정되었으며, 때로는 이를 이용하기도 하지만 결과적으로는 이 관계에 저항한다.

효내는 처음부터 이 꿈미래실험공동주택에서 붕 뜬 존재로 등장한다. 그는 아동 동화 삽화를 그리는 프리랜서 일러스트레이터고, 남편인 손상낙은 출퇴근하는 직장인이다. 부부는 17개월이 된 어린 여자아이 다림을 양육하고 있다. 꿈미래실험공동주택의 취지가 각 가정에서 최소 셋 이상의 아이를 가지기 위해 노력하고, 입주 우대 조건은 '기존에 자녀를 2인 이상 둔 부부, 더불어 둘 중 한 사람만 직장에 다니는 부부'로 명시되었다. 따라서 아이 하나에 맞벌이인 효내 부부는 이 공동주택에서 특이한 존재다. 완벽한 요건을 갖추고 들어와 있는 이들의 눈에는 효내가 받을 혜택이 거의 특급 대우처럼 보일 수 있는, 규정은 맞추었지만 '완벽할' 수는 없는 구성원이다.[1]

효내 역시 자신이 완벽하지 않다는 것을 안다. 일단 효내는 "필요 이상으로 그들과 접촉하여 건수 잡힐 일을 만들지 않"으려고 입주 첫날부터 다짐한다.[2] 이 표현에서 보이듯이 그는 주변과의 관계를 "건수 잡힐 일"로 받아들이고 있다.

사실 효내가 스스로 생각하는 것만큼 꿈미래실험공동주택에 소속되는 데 결격 사유가 많은 것은 아니다. 효내의 가정 역시 꿈미래실험공동주택에 소속될 정도로 '정상성'을 가진다. 다만 다른 입주 가정만큼 '완벽'하지 않은 것인데, 이 비완벽함을 규정하는 것은 몇 개의 외부 주체의 평가로 만들어진다.

사회가 효내를 평가하는 방법부터 살펴보자. "효내는 자신의 소득 금액이 유의미한 규모가 아니며 무엇보다 4대 보험이 적용되는 직장에 다니지 않으므로 자신의 일이 노동으로 간주되지 않는다는 사실"과 함께 입주한다.[3] 그는 사회가 유의미하게 인정하는 소득을 얻지 못하며, 무엇보다 노동자로서의 보호를 받지 못한다.

1) 구병모, 『네 이웃의 식탁』, 민음사, 45쪽, 2018.

2) 같은 책, 45쪽.

3) 같은 책, 45쪽.

이러한 불안정한 고용 형태 때문에 가족들은 자신의 틀로 효내를 평가한다. 시어머니는 효내의 직업인 프리랜서를 "언제라도 내킬 때 일할 수 있는 사람"으로 생각한다.[4] 곧이어 시어머니가 병을 얻은 이후에 새로운 돌봄 역시 자연스럽게 효내에게 넘어가는데. 이때 시누이는 "올케는 출근을 안 하니까 이 정도는 올 수 있지. 올케는 시간이 자유로우니 당연히 그만큼은 해야" 한다는 태도를 보인다.[5] 프리랜서의 유동적인 업무 시간과 고정되지 않은 업무 형태는 기존 노동을 가볍게 보이도록 만들고, 새로운 돌봄을 부여한다.

또한 효내를 향한 이웃들의 시선도 곱지 않다. 주로 돌봄노동을 전담하는 이웃 여성들은 업무로 인한 밤샘으로 조효내가 모임에 참석하지 않는 것을 두고 "효내 씨가 무슨 프리랜서라나, 밤낮을 바꿔서 산다니까 여자가 둘밖에 없는 거나 비슷했"다 라고 평가한다.[6] 또한 공동 육아를 위한 꿈미래공동주택 공동양육 체계를 만든 후에도 "어른인 효너 씨보다 (고작 여섯 살인) 시율이가 오히려 한 사람 몫을 한다"며 빈정댄다. 돌봄 체계 내에서 돌봄을 전담하지 못하는 성인 여성은 공동체의 모난 돌이다.

이렇게 효내는 주변인들에게 끊임없이 평가받고, 재단된다. 그리고 그는 이런 주변의 평가를 생생하게 인식한다. 그 평가들과 맞서 싸우거나 순응하는 방법 사이에서 방황하다가, 이야기 후반

---

4) 같은 책, 37쪽.

5) 같은 책, 186쪽.

6) 같은 책, 12쪽.

에서는 대응하는 방식 중 분리와 차단을 선택한다. 공동체 내 구성원, 즉 자신을 평가하는 존재에게 신세 질 일이 생긴다면 거절하는 것이 그가 선택한 "타인에게 불필요한 신세를 지지 않겠다는 방어막"이다.[7]

효내가 서울에서 꿈미래실험공동주택으로 옮겨온 것도 금전적인 문제가 우선되었지만, 친정 근처에 거주하며 신세를 지는 것에 대한 거부감을 가졌기 때문이다. 이어서 꿈미래실험공동주택에 이주한 이후에는 사회의 익명성에 둘러싸이기를 희망한다. 이렇게 효내는 명백한 모난 돌로 살아가기보다는 눈에 띄지 않는 장소로 옮겨가고 싶다고 생각하는데. 지금의 상황에 안주하지 않고 자신에게 어울리는 공간으로 옮겨가고 싶다는 생각, '맞는 곳'을 찾아다니는 항상심을 가진 인물로 그려진다. 하지만 이러한 시도는 이야기 내에서 반복적으로 좌절된다. 효내는 유의미한 소득을 내지 못하는 프리랜서이고, 친정 근처에 거주하지 않는 딸이자, 이후에는 꿈미래공동체주택에 참여하지 않는 엄마가 된다. 효내가 선택할 수 있는 것은 사회 시스템 내의 변화라는 한계가 있으며, 정상과 비정상 사이에 놓여 있는 효내를 완벽하게 환영할 시스템은 적어도 이 책 내에선 보이지 않는다.

이렇게 거절당하며 효내는 점차 무력해진다. 스스로 현 상황을 이야기할 때 그는 "일상과의 분리를 꾀할 수 없는 자신의 능력이나 의욕이 엊그제 지어 놓고 잊은 밥처럼 누렇게 떠서 굳어 가는

---

7) 같은 책, 133쪽.

걸 속수무책으로 바라보는 동안에는 그 어떤 선을 긋지도 면을 칠하지도 못"한다고 생각한다.[8] 그가 개인 단위로 시도하는 변화와는 별개로 일상, 특히 일상에서 요구되는 돌봄은 그녀를 업무와 분리한다. 이로 인해 그는 어떤 일에도 제 몫을 해내지 못하고 부유한다. 그리고 무엇이 자신의 역할인지도 결정하지 못하는 상태에 이른다. 이야기에서는 정작 효내가 무슨 그림을 그리고 싶었는지와 이 직업으로 무엇을 이루고 싶었는지가 등장하지 않는다. 그는 "어느새 한 줌 남은 동심과 그동안의 애증을 연료 삼아 대량의 매절 그림을 뽑아내"고 있다.[9] 이런 모습이 현대 사회에서 노동하는 수많은 여성들과 겹쳐 보인다. 강박적으로 커리어와 돌봄 사이를 진동하며, 천천히 소진되는 사람들. 어느새 일에 대한 원래의 마음도 잃어버렸지만, 일을 놓을 수 없어 애증만 남은 사람들이 쉽게 그려진다.

이야기의 종장에서 결국 효내는 "어쨌거나 일은 일대로 못 하고 돈은 돈대로 못 벌던 끝에 다림 엄마는 애 셋이 뉘 집 고기 뜯어 먹는 소리냐며 그리던 그림을 모두 찢어 마당에 뿌리는 큰 소동 이후 다림이를 데리고 갈라"선다.[10] 그는 앞으로 그림이라는 커리어를 버리고 돌봄을 선택할 수도 있고, 애증만 남은 동화 그림이 아니라 다른 그림을 시도할지도 모른다. 어떤 방법으로 효내의 삶이 이어질지 나는 짐작하지 못한다. 낙관적으로 그가 행복해질 수 있다고 믿고 싶으나 솔직해지자면, 그의 삶에는 이전

---

8) 같은 책, 56쪽.

9) 같은 책, 40쪽.

10) 같은 책, 186쪽.

보다 많은 노력과 고민이 따를 것 같다. 조금이라도 벗어나면 다시 틀 안에 가두려는 이 수많은 잣대와 시선들 사이에서 정답으로 평가되는 삶은 존재하지 않는다. 이건 꿈미래실험공동체주택에 입주할 정도로 모범적인 '정상인' 효내에게도 불가능한 일이었고, 이제 '큰 소동'도 피우고 공동체 주택에서 벗어난 '비정상' 효내에게는 더욱 불가능하다. 비관적인 생각으로 글을 마무리 짓게 되어 마음이 편하지 않다. 이야기의 후미에서 효내의 상황을 서술하는 것은 다른 사람들이 이사하는 동안에도 마지막까지 남은 자이며, 그걸 듣고 평가하는 사람은 이 공동주택에 곧 입주할 사람이다. 결국 효내는 자신의 목소리로 발화하지 못하고 다시 다른 시선을 통해 정의되고 해석된다. 내가 작성한 이 짧은 글에서조차도.

자아를 죽이는 일 _ 재빈

서요진(여)과 전은오(남)

은오와 요진 그리고 그들의 딸 시율은 꿈미래실험공동주택에 네 가족 중 가장 마지막으로 들어온 가족이다. 시나리오 작가인 은오는 영화 시나리오가 여러 차례 엎어진 후에 낭인에 가까운 생활을 유지하고 있고, 집에서 경제적으로 활동하는 사람은 요진이다. 요진은 6촌 언니의 약국에서 보조로 일하고 있고, 은오와 요진의 가족은 요진의 부친이 남겨주신 통장을 갉아먹으며 생계를 유지하고 있다. 요진은 신재강이라는 꿈미래실험공동주택에 입주한 다른 가구의 남성과 카풀을 하게 된다. 재강의 차 사고 때문에 둘은 요진의 차를 타고 함께 출퇴근하게 된다. 둘만 남겨져 이동하던 과정에서 재강은 요진에게 여러 차례 무례한 언행 내지는 성희롱을 저지른다. 다른 사건을 말하는 듯 포장하며 요진에게 엉덩이니 허리니 언급하며 선을 넘어 불편한 분위기를 만들고, 호의라고 포장해 값비싼 선물을 사다 주며, 오붓한 식사자리를 가지자고 하는 재강을 불편하게 생각하는 것은 당연했다. 요진은 폐쇄적인 공동주택의 특성상 이웃들과의 관계가 한번 틀어지면 회복하기 어렵다고 판단한다. 또한, 자기 말이 어떻게 왜곡될지 모른다는 두려움에 애매한 재강의 행동을 외부에 알리지 못한다. 또한 요진이 매번 속으로만 앓을 수밖에 없었던 이유 중 하나는 본인의 남편인 은오를 미덥지 않게 여겼기 때문인데, 부부의 딸인 6살 시율이에게 모종의 사건이 있었을 때 은오의 행동을 보며 외부에 알리고자 했던 마음을 한 번 더 접을 수밖에 없었다. 참고 참던 요진은 결국 재강의 무례한 행동을 알리려고 보통 퇴근 시간보다 일찍 집으로 돌아왔지만, 집에서 행복하게 웃으며 다른 부부의 여성과 피자를 먹는 은오의 모습에 참을 수 없는 화를 느끼고 시율이를 데리고 은오를 떠난다.

소설이라기엔 일상생활에서 너무나도 있을 법한 일반적인 부부의 모습이다. 카풀 과정에서 있었던 재강의 무례한 농담, 과한 친절 및 성희롱은 사실 일반 여성들이, 특히 일을 하는 여성들이라면 열 손가락이 모자랄 정도로 자주 마주쳤을 일들이다. 물론 내가 요진이었다면 재강의 행동이 부담스럽게 느껴졌을 그 시점에 바로 선을 그었을 테다(아마 차를 세우고 당장 내리라고 말하지 않았을까 싶다). 하지만 재강(모든 여성에게 여지를 주고, 바람기가 많은 남성)은 분명 나처럼 선을 분명히 긋고 싫은 것은 싫다고 명확히 말하는 여성에게는 절대 성희롱하지 않았을 것이다. 재강과 같은 부류의 사람들은 귀신같이 자신이 들이댈 수 있는 사람과 아닌 사람을 구별하는 레이더가 있기 때문이다. 자신에게 그저 웃어줄 사람, 내 언행을 흐린 눈 하며 한번 두번 봐줄 사람을 알아보고 행동한다. 즉, 누울 자리를 보고 발을 뻗는다는 말이다. 여자들은 어린 시절부터 착하고 상냥한 성품을 키우도록 요구받기 때문에, 우리는 어쩔 수 없이 '착한' 사람으로 자라게 되고, 결국 재강의 레이더 망에 걸릴 확률이 높아진다. 기분이 언짢아도 웃기를 요구받고, 소설 속 부부의 딸 시율이가 그랬던 것처럼 어른이 있더라도 자연스럽게 옆에 있는 동생들을 챙기고 돌볼 것을 요구받는다.

또한 내가 요진이었다면 재강과의 불편한 관계를 남편인 은오에게 먼저 알렸을 것이다. 일단 이 주택에 함께 살고 있는 나의 가족인 은오가 아무리 미덥지 않더라도 이야기를 꺼냈을 것이다. '나에게 이런저런 일이 있었는데 나는 굉장히 불편했다. 너는 이 문제를 어떻게 해결하는 게 좋다고 생각하느냐' 등의 대화를 했을 것이다. 먼저 은오와 상의해 본 후에 단희(재강의 부인)에게 더 이상 카풀이라는 명목하에 재강의 무례한 행동이 이어질 수 없도록 알렸을 것이다. 물론 이런 일을 저지르게(?) 된다면 은오가 '그런 사소한 행동 가지고 뭘 기분을 나빠하느냐' 혹은 '이제 앞으로 몇 년간 이곳에서 쉽게 이사 나갈 수 없으니 불편한 이야기는 최대한 자제해보는 게 어떻겠냐'는 등의 태도로 나올 수 있다(실제로 요진은 이런 식으로 나올 것이라고 예상했기 때문에 은오에게 말하지 않는 방향으로 행동했다). 그렇게 나온다면야 은오는 나를 인간으로 존중하지 않는 것이기 때문에 나의 남자 보는 눈을 탓하며 이혼 절차를 밟으면 된다. 만약 은오가 나의 불편한 마음을 이해해 둘이 함께 단희에게 이야기하더라도 단희가 자기 남편은 절대 그럴 사람이 아니라던가, 그런 사소한 농담을 일일이 지적하면 피곤하게 같은 공동주택에서 어떻게 사느냐 등의 반응을 할 수 있다. 그렇다면 그냥 단희도 재강과 같은 사람이겠거니 하고 이웃과의 교류를 줄이며 살던가, 주택 구조상 그것이 매우 불편하다면 꿈미래실험공동주택에서 이사 나오는 방법을 생각해 차차 실행에 옮기면 된다. '물론 나라면 이랬을 것'이라는 시나리오들이 다 결국에는 굉장히 껄끄럽고 힘든 과정이라는 것을 안다. 이혼하는 것, 이사 하는 것은 결코 쉬운 일이 아니다. 하지만 그렇다고 요진이 재강의 모든 행동을 참아가며 살 수는 없다. 아무리 우리(여성)가 고분고분하고 조신한 행동들을 태아 시절부터 강요받아 왔다지만 성희롱을 당하며 살 수는 없다. 소설에서도 요진이 결국에는 본인의 남편인 은오에게 모든 이야기를 털어놓으려 집으로 향한다(물론 제대로 이야기하진 못했지만 말이다).

소설에 나오는 여러 커플의 다양한 에피소드는 내가 결혼과 육아에 가지는 거부 감정을 잘 설명해 준다. 나는 회사에 나가 일하고 취미생활 하는 데에만 해도 엄청난 에너지를 쏟고 있는데, 결혼과 육아는 이미 너덜너덜해진 나에게 더 많은 에너지를 쏟을 것을 요구한다. 그 일련의 과정들은 내가 지금까지 열심히 가꿔온 내 인생을 어떻게든 해치게 만든다.

내가 결혼하고 누군가와 함께 살며 거대한 가부장제로 들어가 작은 인간을 내 배 속에서 키워 낳은 후 그 아이가 멀쩡한 인간이 될 때까지 모든 걸 책임지고 살아야 한다면 정말이지 회피하고만 싶은 마음을 느낀다. 이건 비단 경제적인 문제가 아니다. 누군가가 나에게 10억, 아니 100억을 줄 테니 결혼하고 아기를 세 명 낳으라고 한다면 난 흔쾌히 그러겠다고 할 수 없다. 가끔 아기 둘 있는 신혼부부 주택의 혜택이 어쩌고저쩌고하는 뉴스를 보면 아직도 그 자리에 계속 머무는 정책에 한숨만 나온다. 우리나라의 높으신 분들은 잘 이해하지 못하는 것 같지만, 나는 꿈미래실험공동주택이 필요한 게 아니다. 내가 어떤 사람과 평생을 함께하겠다고 선언하고, 가족을 만들겠다고 결심하는 건 나에게 돈 좀 쥐여주고 공동주택에서 5년, 10년 살게 해준다고 일어나는 일이 아니다.

이 모든 결혼, 임신, 출산, 육아의 과정은 내 자아를 잡아먹으려고 든다. 이 사회에서 누군가의 아내가 되고 엄마가 된다는 건 나 자신으로서 존재할 수 없다는 것을 뜻한다. 난 손쉽게 나 자신의 이름을 잃고 누구의 아내, 누구의 엄마로 불리게 될 것이다. 기혼의 내가 듣게 될 말은 '그래서 남편은 어디 있냐', '아이는 언제 낳을 계획이냐' 등 일 것이다. 일터에서는 당연하게 나를 24시간 누군가를 돌봐야 하는 사람으로 생각할 것이다. 사람들은 내가 입는 옷, 먹는 음식, 하는 운동 모두 결혼, 임신, 출산, 육아를 하기 전과 후에 다르게 바라볼 것이다. 내가 돈을 벌고 일하고 내 생각을 말하는 이 모든 행동이 누군가와 결혼하기 전과 후에 다른 의미로 변하게 될 것이라는 뜻이다. 또한, 난 남들의 사사로운 한마디 한마디가 모여 나 자신을 변하게 할까 봐 두렵다. 남들의 말은 중요하지 않다고 마음속으로 100번, 1000번 되뇌어봐도 이러한 압력이 장기적으로 누적되면, 나 자신도 그 역할을 받아들여야 한다고 느끼게 될까봐 결혼을 하거나 아이를 낳고 싶지 않다. 내가 바라던 삶을 (물론 나도 아직 내가 어떤 삶을 원하는지는 잘 모르겠지만) 살지 못하게 만드는 결과를 초래할 수 있고 종래에 가서는 내 삶의 모양을 바라보며 누군가(아마 남편 혹은 내 아이)를 탓하고 싶지 않다.

하지만 그렇다고 현재 나는 내가 원하는 방식으로 삶을 구려가고 있는가? 아니다. 내 자아는 이미 자본주의, 성차별, 인종차별에 이리 다치고 저리 부서져 멀쩡한 모습과는 거리가 멀다. 이미 내 마음은 돌봄이 필요한데, 누군가의 아내 혹은 엄마가 되는 일이 과연 나 자신을 돌보는 일인가? 나 자신을 더 빼앗아 가게 둘 수는 없다. 결혼에서, 출산에서 멀어지는 것은 나를 구하는 일이다.

이러한 일련의 생각들이 언젠가는 변모해 내 손으로 혼인 신고서를 작성하고, 내 두 발로 출생 신고를 하러 주민센터로 걸어갈 수도 있다. 어느 날 나도 이건 어쩔 수 없는 일이라며 꿈미래 실험공동주택에 들어가기 위해 긴 신청서를 이리저리 휘적일 수도 있다. 그런 날이 오지 않는 내 미래를 상상한다.

홈 스위트 홈 _ 수민

홍단희(여)와 신재강(남)

고된 하루의 끝, 무거운 발걸음을 겨우 이끌어 도착한 현관에서 신발을 벗는 순간, 탁! 하고 스위치가 바뀌는 순간을 느껴본 적이 있는가? 나는 이를 무선 충전이라 부른다. 집은 충전소의 역할을 수행한다. 외부의 노이즈를 차단하고, 사회생활을 통해 빠져나간

기력을 원복하는 안락한 장소로서 내일을 다시 살아가게 할 원동력을 갖게 한다. 최저 주거 기준이 보장되어야 하는 이유와 이제는 목표를 넘어 꿈으로 여겨지는 자가 마련의 열망은 집(House)이 집(Home)으로 작용하기 위함이다.

소설의 배경이 되는 실험공동주택은 어떠한가? 실험이라는 명목하에 인프라 하나 없는 외딴곳에 다양한 사람들을 동일한 관계로 묶어 놓은 조건부 임대 아파트. 입주민들의 공통점은 인구 생산 능력이 증명된 유자녀 부부라는 점밖에 없는, 애매한 12세대 규모의 '꿈미래실험공동주택'은 과연 입주민들의 '스위트 홈'이었을까?

가장 먼저 실험공동주택에 입주한 재강, 단희 부부는 공동체를 이끌어 가는 주축이다. 입주자 모임을 주최하며 공동 규칙을 세우고, 공동육아 시스템을 제안하고 프로그램을 도맡아 하는 등 아무도 시키지 않았지만, 누구보다 열성적으로 네 이웃이 구성하는 사회의 운영진 역할을 해낸다. 요진이 '부녀회장 스타일'이라고 표현한 단희는 자신이 공동주택의 공동체에 주의를 기울이는 만큼이나 일원들의 참여에 대한 기대가 있다. 이에 대해 유일하게 비협조적인 효내에게 단희는 실망하는 태도를 보이는데, 단희의 자녀가 갓난아기였을 시절 자신의 돌봄은 포기하는 상황에서도 가사는 물론 이웃과의 관계와 사회적 이미지까지 챙겼던 과거와 대비되며 사회의 '아기 엄마'를 바라보는 시선과 그에 부응해야만 이루어지는 원만한 이웃 관계를 통해 여성에게 안팎으로 주어지는 돌봄의 부담과 보이지 않는 압박을 엿볼 수 있다.

　어쩌면 단희에게 공동체 활동은 단순히 끈끈한 이웃 간의 관계만을 기대하고 하는 행동들은 아니었을 것이다. 그는 실험공동주택 입주 전 생활에서도 이웃을 살뜰히 챙겼지만, 베풂이 아닌 살핌(눈치)에 가까운 행동으로 원만한 관계 유지를 위해 노력했다. 단희가 고안해 낸 실험공동주택만의 공동육아 프로젝트마저도 공동체를 위함이 아니라 활용한 것이 아닌가 되짚어 보게 되었다. 배경으로써는 물리적으로 동떨어진 위치와 당장 다른 어린이집으로 등록할 수 없는 시스템 상 어느 정도 타당해 보인다. 또한 어린이집 근무 경험을 살려 꽤 다양하고 그럴싸해 보이는 프로그램 구성으로 이웃들의 참여를 끌어내는 데 성공하기도 한다. 하지만 실상은 본인의 기준으로 유기농을 고집하고 다른 가정의 사정이나 아이들의 관계를 살피지 못한 채 운영되었고, 결국 아이와 어른이 모두 삐걱대며 공동육아는 물론 실험공동주택의 공동체와 몇몇 가정까지도 와해하기에 이른다.

　불안을 야기하는 요소들로 점철된 공간에서의 삶은 무선 충전의 공간이 되어야 하는 집에서의 삶과 완벽하게 반대된다. 오히려 무선 누전에 가깝겠다. 임대, 조건부, 자필 서약, 돌봄을 위한 돌봄, 공동체 의식을 앞세워 집 안까지 침투한 사회생활…. 피로 요소들로 차곡차곡 채워진 집은 결국 얼른 가서 쉬고 싶은 장소가 아닌, 생각만으로도 답답한 공기가 마음을 짓누르는, 회피하고 싶은 공간으로 전락한다. 그렇게 불편한 동거에 질려버린 사람들은 하나둘씩 꿈미래실험공동주택을 떠나고 만다.

　돌봄의 관점에서 퇴거한 가족의 순서를 다시 생각해 봤을 때, 꽤 흥미로웠던 점은 돌봄 노동의 강도이다. 가장 먼저 방전이 되어 공동주택을 떠난 요진은 가정 내에선 경제적 돌봄, 자녀 양육, 가사 노동에 시달리고 공동체 내에선 공동육아 참여와 카풀, 그리고 그 사이에서 성희롱에 노출되더라도 돌봐야 하는 타인의 '기분' 등 수많은 돌봄 노동에 시달렸다. 다음으로 공동주택을 떠난 효내의 돌봄 또한 맞벌이 중 독박육아부터 시작하여, 며느리라는 명분으로 억지스러운 역할을 강요받으며 강도 높은 돌봄노동을 수행했다. 모순되게도 두 인물 다 자녀를 데리고 나갔다는 점에서 돌봄의 본질에 대해서 고민하게 되었던 것 같다.(돌봄노동의 문제는 돌봄이 필수적이지 않은 존재들까지 돌봐야 하게 되면서 시작되는 게 아닐까?) 마지막으로, 가장 공동주택의 시스템에 충실해 보이던 단희 부부 마저 재강의 추태로 인해 사회적 체면을 구긴 단희의 선택으로 연이어 실험 공동주택을 떠나게 된다.

　입주 목적이 당장의 주거 및 경제적 문제 해결이었던 이웃 가족들과 달리 비슷한 공동체를 목적으로 온 가장 관념적인 부부의 모습이었다는 점에서 재강, 단희 부부는 해당 사건이 없었다면 자녀 셋을 이루며 공동주택에서 계속 잘 살았을지도 모르겠다는 생각이 든다. 어쩌면 다른 주거지로 이사하여서도 아이를 더 낳고, 또 다른 공동체의 삶을 영위할지도 모른다. 재강의 과오는 과거의 해프닝으로 덮어둔 채 개인적 욕망 대신 육아를 보람으로 삼고, 가내의 평화로 위안을 얻을 단희의 지속적인 인내와 헌신이 계속된다면 말이다.

꾹꾹 누르기도, 참아보기도 했지만, 결국은 터져버리는 물집 같은 _ 다현

강교원(여)과 고여산(남)

교원과 여산은 꿈미래실험공동주택에 입주한 네 쌍의 부부 중 가장 오랫동안 남아있는 부부다. 교원은 가정주부이고, 여산은 중소기업에서 일한다. 이들에게는 우빈과 세아라는 두 아이가 있고, 소설의 막바지에는 교원의 무거운 몸이 묘사됨으로써 세 번째 아이를 임신 중임이 드러난다. 이로써 실험공동주택의 입주 조건을 달성한 유일한 부부가 바로 교원과 여산이다. 이 주택의 입주 조건은 다음과 같다.

"이곳에 들어갈 유자녀 부부는 자녀를 최소 셋 이상 갖도록 노력하겠다는 것이었다. 그 때문에 입주 신청서를 낼 자격은 이미 자녀가 1인 이상 있는, 즉 인구 생산 능력이 증명된 만 42세 미만의 한국 국적을 지닌 이성 부부에게 한정 되었다. 우대 조건은 기존에 자녀를 2인 이상 둔 부부, 더불어 둘 중 한 사람만 직장에 다니는 부부로 명시되어 있었다."[11]

이 입주 조건은 결코 평범하지 않다. 아니, 오히려 너무 평범해서 어려운 조건일지도 모른다. 사회에서 말하는 정상 가족의 틀에서 조금이라도 빗나간 자들은 이 입주 조건을 달성하지 못한다. 그러니 이 조건을 달성한 부부가 교원과 여산 뿐인 사실이 놀랍지는 않다. 조건을 달성했다고 해서, 이 부부는 언제나 평화롭고,

---

11) 같은 책, 41쪽.

사이가 좋았을까? 의심스러운 지점이다. 아마도 이들은 이 공동주
택에서 가장 위태롭고 불안했던 부부였을지도 모른다.

출산율 상승이라는 명백한 목표를 가진 이 주택에서 입주민들은
서로에게 지독한 공동체성과 모성애를 강요한다. 부모들은 돌아가
며 아이들을 돌보며, 집 옆에 흙이 있으니 텃밭도 같이 가꾸고, 노
래도 부르고 책도 읽어주고, 애들한테 믿을 수 있는 깨끗한 밥도
해 먹인다. 그러나 이 유토피아적인 공동 육아는 결국 그 누구에게
도 알맞은 돌봄의 도구가 되지 못했다. 프라이버시가 보장되지 않
은 공간은 오히려 불화와 불신을 키웠고, 이들은 언제나 서로의 눈
치를 보았다. 때로는 상대에게 한없이 무례하기도 했다. 부부 사이
와 아이들 간의 관계, 그리고 공동 육아를 하면서 생겨나는 청결,
안전, 건강에 관한 다양한 문제들이 그 원인이 되었다. 이곳은 출
산율을 늘리기 위해 지어진 공동 주택이었지만, 그 목적은커녕 각
자의 가정조차 유지하기 어려워지는 상황에까지 이르렀다.

이 책은 건축학과에 재학 중인 나에게 커다란 물음을 던졌다. 요
즘 학생들의 설계 작품 주제로 공동체 주택이 많이 쓰이는 추세
다.(사실 내가 비슷한 프로젝트를 진행 중이기도 하다.) 특히 저출
산 문제나 고령 인구 및 1인 가구의 증가를 주제로 한 공동체 주
택이 자주 등장한다. 그뿐만 아니라 이런 프로젝트에서는 공유 오
피스, 공유 주방 등 '공유' 혹은 '공동'이라는 말이 때로는 쉽게 붙
여진다. 공동체 주택의 목표는 대체로 함께 집을 가꾸고, 소통하
며 서로를 보호해 주며, 잘 살아 나가자는 목표를 갖고 있는 것 같
다. 이 책은 대학교에서 이루어지는 이와 같은 설계 프로젝트가 무

　　　　　　　도시읽기모임

엇을 지향해야 하는지 생각해보게 했다. 사회 문제를 다루면서 조금 더 세밀한 목표 의식으로 프로젝트를 다루어야 하지 않을지, 그러기 위해서 학교에서는 무엇을 배울 수 있을지 고민하게 만든다. '공동'의 의미를 낭만적으로만 생각하지 않고, 타인을 돌보는 것이 생각보다 많은 책임을 불러올 수 있다는 점을 간과하지 않는다면 어떨까. 이 책과 학교에서의 설계 프로젝트뿐만 아니라 사회 전반에 만연한 '공동'과 '돌봄'을 다루는 주체들과 주체에 따라 다른 의미를 가지는 것에 관한 책임과 결과를 고려하며 돌봄 시나리오를 그리는 내용의 고민이 필요하다.

교원과 여산을 제외한 세 부부가 공동주택을 떠나게 된 것도 결국 무엇인가를 강요받다, 참고 또 참다가 터지게 된 물집과도 같았다. 결국 이 소설의 꿈 미래 실험공동 주택는 지금 우리의 사회상을 온전히 담아내고 있다. 다시 소설의 내용으로 돌아가서, 교원과 여산의 싸움은 자신을 돌보기 위한 투쟁과도 같았다. 특히 교원은 타인을 돌보기 위해 애쓰다가 욕도 먹고, 상처받기도 했다.

"조금 전의 울부짖음은 '이 새끼야'가 제 분노에 의해 뭉개지는 소리인 듯했다. 어느 집의 아내가 남편에게 울분을 토해 내고 있었다. 아니, 남편이 밀치거나 때려서 이에 저항하는 소리일 수 있다. 저거 저대로 둬도 괜찮은가. 곧 남자가 으름장을 놓고 윽박지르는 듯한 소리와, 여자가 악을 쓰는 소리가 교차하면서 그 사이로 아이 우는 소리가 뒤엉켰다."[12]

---

12) 같은 책, 108쪽.

재생산의 탑

교원과 여산은 간밤 중에 이마가 찢어지고 피를 볼 때까지 감정을 토해내며 싸웠다. 그 싸움의 근원지는 바로 여산의 월급. 턱없이 부족한 월급으로 중고나라를 애용하는 교원은 그 누구보다도 생활비를 절실히 아꼈다. 심지어 중고나라에서는 유명한 진상으로 불리기까지 했다. 그런 교원이 여산의 월급이 시댁 누이에게로 가고 있었다는 사실을 알게 되었고, 이 싸움은 시작됐다. 끝이 날 관계라 짐작했지만 결코 이들은 갈라서지 않았고, 이곳에 가장 오래 남는 부부가 되었다. 그럴 수 있었던 이유는 어쩌면 서로에게 눈치 보지 않고, 감정을 토해낼 수 있는 힘이 있기 때문이 아닐까.

다른 부부들은 서로에 대한 원망과 불신을 갖고 살았다. 이들은 싸우다가 남들 입에 오르내리면 어쩌나, 내가 문제라고 하면 어쩌나 걱정한다. 그리고 생각하지도 못했던 일말의 이유로 생겨날 수 있는 충돌과 잡음들로 인해 피곤해진다는 이유 때문에 꾹꾹 누르기도, 참아보기도 한다. 그러나 참아내는 것에는 한계나 예상치 못한 변수들이 존재하기 마련이다. 결국 꾹꾹 눌러보던 이들의 마음은 한순간에 물집처럼 터져버리게 되었고, 뿔뿔이 흩어지거나 사라졌다. 결국 네 가족 중 교원과 여산을 제외한 세 쌍의 이웃은 각자의 사정으로 꿈미래실험공동주택을 떠나게 되고, 새로운 이웃이 입주하며 소설은 마무리된다.

지금의 극단적 개인주의 사회가 조금이라도 인간성과 인류애를 되찾으려, 혹은 조금이라도 각자의 이기심을 감춰보기 위해 '공동'이라는 말로 개인주의를 덮었던 것은 아닐까. 여기서 개인주의는 이기심을 말하려는 게 아니다. 개개인의 자율성과 취향을 위해 각자가 원하는 것을 행하거나 성취하기 위한 행동들에서 비롯되는 것을 말하고 싶다. 개인주의는 결코 '공동'으로 덮이지 못하고, 그 것을 덮을 필요도 없을지도 모른다. 우리는 개인주의를 인정하지 못 하고, 이를 외면한다. 또한 우리 사회는 나를 돌보는 게 아닌, 남을 돌보기 위해 노력하는 것을 강요한다. 『네 이웃의 식탁』은 이 러한 형태의 공동체가 지금의 상황을 해결할 수 있는 방안이 될 수 있는지 생각해 보게 한다. 우리는 무엇을, 누구를 어떻게 돌보아야 하며 왜 돌보아야 하는지, 명백히 짚고 넘어가야 할 필요가 있다.

작가의 식탁 _ 희은

새 입주자

새 입주자는 교원으로부터 각자 다양한 이유로 제도권을 떠난 세 부부의 이야기를 들으며, 자신은 그들과 다를 것이라는 기대에 부풀어 오른다.

"…여자의 눈에 거대한 원목 식탁이 들어왔다.…입주자들이 오 기 전부터 이 자리에 붙박인 그대로라는 식탁은, 위치를 다소 애 매하게 잡은 탓에 아까운 뒷마당 공간을 많이 차지하고 있었다. …향후 몇 가구가 들고 나든지 변함없이 이 자리를 지키고 서 있 을 것만 같은 이웃 간의 따뜻한 나눔과 건전한 섭생의 결정체처 럼, 여자는 왠지 몰라도 이 식탁을 오랫동안 아침저녁으로 보고 지낼 자신이 있었다."[13]

---

13) 같은 책, 190쪽.

이 장면은 『네 이웃의 식탁』의 마지막 부분으로 새 입주자가 주택의 마당에 놓인 공용 식탁을 바라보며 미래를 상상하는 장면이다. 그런데 이 책의 시작도 식탁을 관찰하는 과거의 입주자 요진의 이야기로 시작된다.

"주택 설계자 가운데 누가 이런 걸 여기 둘 생각을 했는지 모를 일이지만 최소한의 경비가 남아서 들인 게 아니라는 짐작만은 할 수 있었다.…앞으로 열두 개 호가 빈 데 없이 꽉 차면 이 식탁도 인구수용에서 한계에 달하겠으나, 이렇게 많은 입주민이 동시에 빠짐없이 모여 식사하는 일 자체가 매번 가능하지는 않으리라고 요진은 내다봤다"[14]

이 책의 시작과 끝에 등장하는 '식탁'은 작가가 저출산 문제를 극복하기 위해 시행된 '주택 지원 제도'를 식탁이라는 매개체를 통해 독자들에게 제도의 문제를 제기하는 듯 느껴졌다. 제도권 안에서 안정감을 찾는 새 입주자의 모습과 공동주택 내 최대 열두 쌍의 부부가 결코 채워지지 못하는 사실을 꼬집는 과거 입주자 요진의 시선으로 이야기의 시작과 끝을 맺은 것이다.

부부들이 각각의 사연으로 공동 주택을 떠날 때, 식탁은 변함없이 그 자리를 지키고 있었다. 이 모습은 저출산 대책 제도의 문제가 개선되지 않고 사용자들이 제도를 떠나는 모순을 드러낸다. 정치권의 저출산 대책은 형식 자체에 문제가 발생하더라도 쉽게

---

14) 같은 책, 7쪽.

　도시읽기모임

재고되거나 개선되지 않는다. 제도가 어떤 형태의 삶을 요구하든 사람들은 그 조건에 자신의 삶을 맞춘다. 책에 등장하는 저출산 대책은 '아이 셋을 낳지 못했을 시'라는 조항을 전제하고 있다. 여성이 세 번의 임신에 성공하지 못하거나 세 번의 출산을 하지 않을 경우, 제공받은 주거 환경에서 퇴거해야 한다. 육아를 위한 주거 환경이 절실한 사람들을 대상으로 여성의 재생산 활동이 기준이 되고, 그마저도 완벽하게 '아이 셋' 조건을 맞추지 못하면 자격이 박탈된다. 그런데도 사람들은 자신의 조건을 끼워 맞춰 경쟁해서라도 그 제도권에 들어가고자 한다.

개탄스럽게도 이 글을 읽을 당시 "셋째 낳으면 서울 아파트 20% 싸게 산다"라는 기사를 보았고, 이 책은 소설이 아닌 현실 기반의 글이라는 걸 깨달았다. 사람들의 절실함을 이용하여 까다롭고 세밀한 기준을 적용해 개개인의 삶이 다양하게 제도 속에 녹아들지 못하고 일률적인 가족 형태를 띠게 하는 대한민국의 제도는 현실이다. 더 낳으면 더 싸게 주택을 살 수 있게 하는 시혜적인 제스처를 취하는 저출산 대책 제도는 출산과 육아의 직접적 경험이 없는 기득권 내 간부들이 제도의 틀을 형성하기 때문일까. 출산을 단지 낳으면 그만인 단편적인 일로 치부해 버리는 것, 아이의 출산 횟수를 아파트의 가격과 직결시키는 것, 신혼부부 행복주택처럼 외딴 곳에 신혼부부를 모아두고 출산을 기대하는 것. 한 사람의 생명을 잉태하고, 부부가 육아와 생계를 분담하며, 마을의 일원들과 자녀의 교육을 책임지는 과정이 출산 대책 고민의 출발점이 되어야 할 텐데. 과연 이 제도의 틀을 정하는 이들은 저출산 문제에 대해 진지하게 고민해 보았을까.

구병모 작가가 책에서 그려내듯 저출산 대책 제도의 문제는 하나의 큰 장애물을 넘는다고 해결되는 것이 아니다. 같은 가족이라는 이름 아래 각 가족의 삶이 얼마나 다른지, 부부 중 누가 육아를 담당하는지, 남자와 여자의 육아에 대한 관점 차이가 얼마나 심한지, 공동체로서 육아했을 때 '육아'의 정의에 대한 합의점을 찾는 일이 얼마나 어려운지. 사사롭고 작은 문제들이 눈덩이처럼 커져 결국 각 가족은 이 제도에서 머물 수 없게 된다. 실험공동주택의 입주를 신청한 가족들은 제도가 요구하는 까다로운 조건과 국가의 분명한 의도에도 불구하고 안정된 주거 환경이라는 면을 보고 악취가 나는 촌길을 따라 이 주택에 입성했다. 하지만 결국 무시했던 악취는 코를 찌르기 마련이다. 모두가 떠난 그 자리에 남은 식탁처럼 개선되지 않은 저출산 대책 제도는 결국 사용자에게 맞춰지지 못한 채 제도 그대로 남아 있는 것이다.

우리는 정부가 만든 제도에 갖가지 의문이 들면서도, 요진이 그러했듯 수십, 수백 장의 서류를 챙기고 제도에 당첨되길 기다린다. 그 복잡한 기준을 맞추기 위해 언제 혼인 신고를 해야 하고, 언제 아이를 낳아야 하고, 언제 주택을 구입해야 하는지 따져 제도가 인정하는 기준에 자신의 상태를 맞춘다. 숫자로 개인의 삶을 재단하는 이 제도에 불편함을 느끼면서도 국가가 제공하는 안정적인 제도에 숨을 참고 낙하해야 하는 것이다. 숨을 참고 제도 속에서 버티다가 더 이상 참지 못할 때 사람들은 수면 위로 떠오른다. 그리고 유유히 그 제도를 벗어나 다른 살길을 마련한다. 그리고 안정감을 절실히 원하는 또 다른 가족들이 같은 과정을 반복하며 숨을 참는다. 앞으로 어떤 문제가 다가올지 모르지만 고요하고 안전해 보이는 제도 속으로.

돌아보기 ——

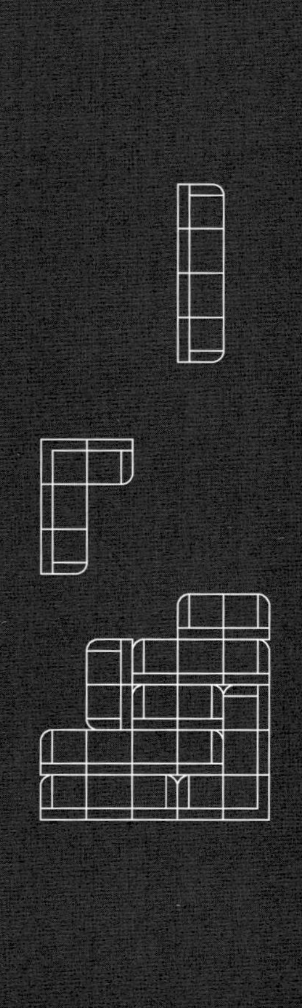

서로를 응원하고 서로를 다독이다
SOFA 되돌아보기

기획단 X SOFA

연대라는 말은 여럿이 함께 무슨 일을 하거나 함께 책임을 지다는 뜻도 있지만, 무엇보다 '서로 연결되어 있음'이라는 설명이 눈길을 끈다. 가족과 친구와는 다른 존재가 나와 관련 있다는 것을 나타내는 것 같다. SOFA를 설명할 때도 빠지지 않는 단어가 바로 서로 연결되어 있음이다. 원래 알고 지내던 사람들은 아니지만, 함께 SOFA에 속해 있다는 사실만으로 어쩐지 마음이 든든하다.

2020년부터 SOFA는 건축이라는 경계 안에서 여성 건축인들을 모으고 연결하는 활동을 해왔다. 거대한 이슈를 해결하고 과장된 활동을 하는 것은 아니지만, SOFA는 그동안 4번의 잡지를 발행하고 독서 모임과 젠더 스터디, 공간스터디, 브랜딩 스터디 등을 통해 함께 이야기하고 배우는 시간을 가졌다. 여러 활동 가운데 잡지를 발간하는 것은 SOFA를 정의하는 중요한 매체이면서 현재를 살아가고 있는 여성 건축인들의 이야기를 기록하는 창구다.

건축학교, 주거, 건물이 지어지는 과정, 불안 등 건축인이라면 누구나 한 번쯤 생각해 볼만한 주제에 대해 생각하고 고민한 것을 글로 풀었다. 이번 5호를 맞아 지금까지의 활동을 정리하는 시간을 가져봤다. SOFA를 계속 활동하게 하는 원동력은 무엇인지, 앞으로의 SOFA 활동은 어떤 방향을 가져야 할지 함께 이야기해 보았다. 이야기를 이끄는 주체는 SOFA를 직간접적으로 이끄는 기획단이다. 크고 작은 행사를 기획하거나 중요한 결정들을 논의해 온 이들은 서로에게 질문하고 답하며 이제까지의 SOFA를 되돌아봤다.

지금까지 몇 명의 사람들이 SOFA를 거쳐 갔고 연속적으로 가입하는 회원의 수는 어느 정도 되나요?

지금까지 총 122명(6기 기준)입니다, 연속적으로 가입하는 회원 수는 기획단을 포함해 20명 남짓입니다.

한 기수 종료 후 다음 기수로 추가로 신청하지 않는 이들에게 받았던 피드백 같은 게 있나요?

기대했던 것보다 행사의 수가 적다는 피드백을 몇 번 받았어요. 전체 회원을 만날 수 있는 기회가 더 있으면 좋겠고, 내부 활동을 더 기획해달라는 요지였어요. 이 피드백으로 매 기수 2회(오프닝과 엔딩) 행사를 개최하고 있고, 비주기적인 모임인 소파살롱을 조직했어요. 또한 기획단 및 편집팀에 소속되지 않은 회원이 소식을 알기 어렵다는 피드백도 있었습니다. 그래서 매월 짧게라도 뉴스레터를 쓰게 되었고요. 그러나 기획단의 인력 부족 때문에 우리가 원하는 바를 100% 성취하기는 어려운 것 같아요.

기획단 X SOFA

SOFA만의 장점이 있다면 무엇일까요?

기획단 회의를 통해 논의해 본 결과, 장벽이 낮다(회비가 싸요), 누구나 글을 쓸 수 있고 함께 쓰며 매번 의제를 발굴한다, 얇고 오래간다, 위계와 강요가 없다, 지속 가능한 커뮤니티다, 학교나 일터에서 만날 수 없는 소중한 인연을 새롭게 만날 수 있다, 개선의 의지가 있다, 버티고 있다는 의견들이 나왔어요.

「SPACE」과의 인터뷰에서 서로의 참조점이 된다는 말이 인상 깊었어요. 이 말은 구체적으로 어떤 이야기인 건가요?

그때 다예님이 그 말을 했었는데, 고립이라는 상황에서 벗어날 수 있게 해준다는 뜻이었던 것으로 기억해요. 회사에 다니거나 독립하고 나면 내가 지금 어디에 있고 어디로 갈 수 있는지 오히려 감을 잃게 된다고도 생각했어요. 그 당시 다예님이랑 가연님의 상황이 그랬고요. 다양한 사람을 만나서 건축설계와 탈건 사이에 얼마나 다양한 길이 있는지를 알 수 있었어요.

꼭 여성에 대한 이야기만 하는 것이 아니라, 하나의 이야기 창구를 만들고 있다는 점 역시 눈길을 끌었어요. SOFA가 궁극적으로 목표하는바? 처음 만들었을 때와 지금의 차이점 같은 게 있을까요?

❶ 사실 궁극적인 목표는 없었고요(그런 걸 세울 수 있는 상황도 아니었고). 당시에 하고 싶은 말, 할 수 있는 말을 했어요. 이게 동시대 여성 건축인들의 모습인데 뭐 어쩔 것인가⋯ 하는 태도로요. 각 활동은 그때 회원들의 관심사가 그랬던 거예요. 그리고 제 생각인데, 출판 활동을 '여성'과 꼭 연결하는 방향으로 기획하면 오히려 페미니즘적인 상상력을 제약할 수 있다고 생각했어요.

왜냐하면 여성이 무엇인지를 규정하는 게 사실 쉽지 않아요. 가장 쉽게 여성을 규정하는 것은 치마, 긴 머리, 어머니 같은 기표에 의존하는 것인데요. 그렇지 않은 여성도 많잖아요? '원본 없는 상상력'이라는 주디스 버틀러의 지적처럼 매일 수행하는 행위가 여성을 만든다고 보고, 일단 평범한 행동들에 대해서 솔직하게 글을 쓰고 공감할 수 있는 기획을 하면 참여하는/글 쓰는/밖에서 보는 사람들이 페미니즘적으로 생각해 볼/해석할 여지가 있을 거라고 봤어요. 세상 사람들이 잘 몰라서 그렇지 여성학은 상당히 단단한 학문이에요. 접근성이 낮지는 않죠…. 표면에 페미니즘을 드러내면서 뒤처지지 않으려면, 동시대적인 의의가 있으려면 따라잡아야 하는 개념들이 한 무더기에요. 실무를 하면서 이런 논의를 따라잡으려면 시간이 꽤 걸려요. 그래서 지금 당장 여성 건축인의 생각을 다루도록, 행위 자체에 의미가 있도록 하고 싶었어요. 질문하는 원동력으로서의 페미니즘을 바랐어요.

「SOFA」 4호 「불안, 불완전, (불)안전」이 분기점이었어요. 이 책은 처음으로 여성을 표면에 내세웠어요. 그때 편집장은 선진님이었고, 저는 뒤에서 도왔는데요. 그때 회의에서 그냥 여성 표면에 내세우고 불안하다고 하자고 했어요. 다 같이 뻔뻔해진 거죠. 4호를 마무리하면서 여성을 표면에 드러내고도 납작하지 않은 논의를 할 수 있겠구나 하는 자신감이 선진님이랑 저한테는 생겼어요. 근데 항상 그때 할 수 있는, 하고 싶은 것을 했기 때문에 앞으로는 모르겠네요. 회원들이 디자이너로서, 연구자로서 독립적인 생각을 하기 시작하는 연차라 앞으로 변화가 생기긴 할 것 같아요. 이번 5호 편집장인 진님이 잘할 거라고 믿어요. 한 사람만 나서면 조직에 안 좋다고 생각해서 뒤에서 저는 서포트만 하고 싶어요.

❷ 지금은 SOFA 기획단이 운영에는 관성이 생긴 것 같아요. 기획단이 여유가 있었던 적은 없으나 어떻게 굴러가고 있어요. 그러나 신입 모집이 잘 안되는 것 같아서 고민이에요. 건축가 모임이 아니라 건축인 모임으로 칭하고, 대강 건축 분야(실내 건축, 조경, 도시, 구조 상관없이) 모집하고 있지만 많은 분이 건축가 모임이라고 느끼는 것 같아 주류(건축가)가 아닌 회원분들에게 미안한 마음이 있어요. 학부생에게도 열려 있는 모임인데 잘 안 들어온 지 1~2년 되었어요.

❸ 저는 결국 SOFA를 통해서 (남성들이 이 업계에서 알음알음 영업하는 방식처럼) 서로가 서로를, 여성이 여성을 알고 싶었으면 좋겠어요. 우리 다 여기서 여자로 일하기 참 힘들지만 지금 일하고 있고 필요하면 함께 일할 수 있다는 메시지를 전하고 싶어요.

❹ 궁극적인 목표라기보다 저희의 시작점은 앞서 설명해주신 것처럼, 여성들도 서로가 연결되길 바라는 마음으로 기억해요. 개인적으로 현재는 여성보다는 건축(도시, 조경 등) 커뮤니티에 방점을 두고 가입하는 비율이 높아진 것 같아요. 하지만 결국 SOFA 안에서 교류하면서 나누는 경험과 생각의 기반이 여성 건축인으로서 쌓아온 부분이다 보니, 의도하지 않아도 서로에게 힘이 되고, 잘못된 것들에 무뎌지지 않을 수 있었다는 점에서 의미가 있었다고 생각해요.

❺ 저희가 처음 모였을 때 같이 읽으려고 모았던 여성과 건축에 대한 책과 글에서 결국 우리의 이야기는 없다고 느꼈어요. 아무도 다루지 않을 지금 우리의 생각을 기록하고 싶다는 마음이 있었고, 어떻게 보면 처음 잡았던 목표를 지금까지 잘 실현하고 있죠. 제가 그때 상상했던 그림과 지금 만들어지는 잡지 「SOFA」는 꽤 일

치하고 있어서 좋아요. 잡지의 많은 글이 지금, 스스로 느끼는 점들을 다루고 있다는 데서 특히 그래요. 궁극적으로 목표하는 바가 있는지는 잘 모르겠어요. 불안하기 때문에 모였고, 앞으로 다가올 불안이 얼마큼 클지 모르기 때문에 일단은 서로 필요로 하는 만큼 지속하게 되지 않을까요. 그렇다면 없어지지 않는 게 중요하고, 개인적으로는 얇게라도 길게 갔으면 좋겠습니다.

❻ 기획단과 멤버 개개인이 아닌 SOFA라는 단체에서 목표하는 바는 그렇게 뚜렷한 적은 없었다고 생각해요. 그때그때 이야기 나누면서 서로의 방향성을 묻고 가끔은 의견이 다르다는 것을 확인하기도 하면서 여태까지 지내왔어요. 정해진 목표보다는 유연한 대화 자체에 더 무게를 실었기 때문에 이야기 창구라는 인상을 남긴 게 아닐까 싶어요. 처음과 다른 점이라면, 편안한 소파에서의 대화도 좋지만 앞으로는 천천히라도 단체로서 목표하는 바를 좀 더 뚜렷하게 할 수 있으면 좋겠다는 바람이 생겼어요.

건축계나 여성 단체 안에서 SOFA가 어떻게 비쳤으면 하나요?

❶ 혼자서 답변 쓰기가 어려워서 기획단에서 얘기를 나눴어요. 근데 왜 쓰기 어려웠냐면, SOFA가 외부에서 비치는 모습을 고민하지는 않았어요. 처음부터 외부에서 우리를 어떻게 볼지는 고민거리가 아니었기 때문이에요. 오히려 "어떻게 비슷한 고민을 하는 사람들이 살고 있을까", "그 사람들이 무엇을 혼자 고민하고 있을까?"가 의제였어요. 이 판에서 고립되지 않고 어떻게 버틸 수 있을지를 고민하면서요. 아, 사정 모르는 사람들로부터 나쁜 말은 듣고 싶지 않아서 「SOFA」 1호를 엄청 열심히 만들었다고 알고 있고, 다음 호도 그런 식으로 눈치를 좀 보기는 했어요. 외부에서 얘

 기획단 X SOFA

네 뭐 하는 애들이라고 생각할까 하는 농담도 좀 했어요. 회사, 학교에 SOFA 활동을 드러내면 오히려 소외되는 게 아닐까 걱정하면서요. 지금은 그냥 오래 했으면 좋겠어요. 일단은 잡지 10호까지 버티고 싶어요. 아무도 얘기 안 하는 것을 같이 고민할 수 있도록요. 그리고 이렇게 쭉 가서 꼬부랑 할머니 모임이 되고 싶어요. 우리의 존재를 알고 성평등 의식 없는 기성 건축인들이 눈치를 좀 보긴 했으면 좋겠기에 존재감이 있으면 좋을 것 같아요.

❹ 적어도 저희가 제기하는 문제들에 대해 진지하게 고민하고 있고, 그럴 가치가 있는 것들이었다는 인상이 남았으면 좋겠습니다.

❺ 존재만으로도 여성 건축인들에게 마음의 위안이 되면 좋겠어요. 홀로 고민하는 게 아니라 같이 고민하고 있고, 언제든지 원하면 함께할 수 있다고 느꼈으면 좋겠어요.

❻ 위의 이야기처럼 외부 시선이 SOFA에서 우선순위 상위권에 드는 안건은 아닌 것 같아요. 다만 건축계에서 어떻게 비칠지는 생각도 해보고 기획단이나 멤버들과 종종 이야기도 나누지만 여성 단체에서 어떻게 비칠지는 많이 고려해 보지 못했다는 생각이 드네요. 다른 여성 단체들이 봤을 때 공감이 되고 응원이 되는 단체이기도 했으면 좋겠어요.

SOFA 활동을 계속하게 되는 원동력은 무엇인가요?

❸ 그냥 저는 제가 재미있어요. 제가 사람들 만나는 걸 즐겨서 그런 것 같기도 하고요. 그리고 우리 책 한 권씩 나올 때 뿌듯하고, 소모임 모임원들이 책도 열심히 읽고, 같이 글을 써서 완성할 때도 좋아요. 또, 모임원들이 긍정적인 피드백을 주실 때 행복해요. 저랑 SOFA는 함께 성장하는 중이에요.

❹ 스스로 중심을 잃지 않게 해주는 지지대가 필요하다는 생각입니다. 회사 일에 치여서 관련 분야에 대한 공부도, 사회적 문제에 대한 관심도 놓치기 쉬운데, 그렇지 않게 해줘서 계속 함께하기 위해 노력하게 됩니다.

❺ 만나면 얻는 에너지가 있어요. 현생에 치이다가도 모임을 가면 서로 응원하고 서로에게 무해하기 때문에 에너지를 주고받게 돼요. 잡지가 나오면 그 뿌듯함은 이루 다 말할 수가 없죠.! 다들 마감에 치여서 힘들었던 기억은 날아가고 다시 다음 호 잡지를 이야기하고 있더라고요. 서로 만나는 게 즐겁지 않으면 불가능한 일이죠.

❶ 그냥…. 진짜로 그냥이라고밖에 설명 못 할 것 같아요.

❼ 저는 기획단 덕분에 SOFA 활동을 계속할 수 있는 것 같아요. 아직 학부생이고 건축을 전공하진 않았지만, 건축과 페미니즘에 대한 관심으로 들어오게 되었는데 SOFA와 기획단의 존재만으로도 든든하고 편안한 느낌이랄까요. 같이 활동하는 분들의 얘기를 듣는 것만으로도 너무 재미있어요.

❻ 같이 의미 있는 것을 하고 있다는 느낌이 좋아요. 혼자 하고 있다거나 의미가 없다고 느끼면 지속하지 못할 것 같아요.

가장 힘들었던 순간은?

❶ 준공마블 마감할 때….

❹ 왜 항상 모든 마감과 모임 일정은 겹칠까요…?

❺ 건축사 시험과 잡지 마감이 겹쳤을 때, 빨리 SOFA 마감을 해야하는데 좀만 더하면 퀄리티를 올릴 수 있으니 붙들고 있어서 기진맥진해져서 공부하기가 싫었어요. 시간과 체력은 한계가 있는데 퀄리티를 포기할 수 없을 때가 제일 힘들죠. 사실 금전적 보상을

기획단 X SOFA

받고 하는 일이 아니고 정말 내가 좋아서 하기로 했던 일이니 시작했으면 끝을 내야 하니까요.

❻ 서울을 떠난 지금이 가장 힘든 시기에요. 물리적으로 함께 있지 못한다는 것을 극복할 수 있도록 무엇을 해야 할지 고민하지만 현생에 밀려 힘에 부치기도 하네요.

SOFA를 하면서 했던 활동이 직업적으로 도움이 되었던 순간은 언제였나요? 소소한 시공 지식도 좋고, 실제로 일과 직접적인 연관이 있어도 좋습니다.

❶ 이거 해봐야 도움되겠냐는 생각이었는데 오래 하니 알아봐 주는 사람들이 생기더라고요. 뒤에서만 알고 있지 말고 많은 응원과 지지 해주셨으면 좋겠습니다. ㅎㅎ

❻ 설치 프로젝트를 함께 할 팀원을 소파를 통해 찾은 적이 있어요. 가치관도 비슷하고 믿을 만한 분들을 금세 찾을 수 있었어요. 그 밖에도 건축계 전시나 행사 소식을 전해주시는 분들 덕에 업계 내의 재밌는 것들을 시기에 맞춰서 챙겨볼 수 있었어요.

기획단으로서 가장 보람찼던 순간은 언제인가요?

❶ 「SOFA」 3호의 서두에서 밤새고 고생하는 거 다 어떤 좋음을 위해서라고 적었는데, 한 회원분이 그 글을 읽고 소파에 들어오게 되었다고 했을 때 부끄럽고 보람 있었어요. 건축계 사람들이 자조적인 이야기를 많이 하지만, 그럼에도 부득불 이 업계에서 일을 계속하는 데에는 사실 속으로는 잘하고 싶은 마음이 있어요. 당연한 말을 한 거지만 너무 놀라주셔서 기분이 참 좋았습니다. 그리고 재빈님의 도시읽기모임에서 들은 건데, 만일 앞으로 공식적인

요청이 오면 어떻게 할 것인지 기획단에서 고민 중이라 재빈님이 회원분들께 어떻게 생각하시는지 한 번씩 물어봤대요. 모임 분들이 당연히 나서라고 말했다고 전해 들었어요. 아! 그리고 몇십 년 뒤에는 후배들이 소파를 주제로 연구할 거라는 말 들었을 때….

❺ 저는 반갑소파(오프닝 행사) 진행할 때가 제일 보람찬 것 같아요. 다들 자기소개를 돌아가면서 한 분씩 하는데, 다양한 곳에서 다양한 일을 하는 여성 건축인들이 한자리에 모인다는 것 자체가 주는 감동이 있어요. 자기소개만으로도 좋은 영향을 주고받고, 처음 보는 사이지만 건축하는 여성이기 때문에 말이 잘 통하는 신기한 경험을 하게 되죠. 반갑소파 때만 뵙고 너무 바빠서 참여를 못하는 분들도 있긴 하지만, SOFA에 오셔서 한 번의 좋은 기억을 하고 가신다면 다행이라고 생각해요.

❼ 위에 이야기에 공감합니다. 저는 다른 모임에 활발히 참여하지 못해서 반갑소파에만 주로 참석했었는데 한자리에 모여 이야기할 수 있는 시간이 소중하게 느껴졌어요. 또 종종 주변 친구들이 인스타그램을 통해서 SOFA 활동을 알고 있다고 했을 때 괜히 뿌듯했습니다.

❻ '순간'은 잡지 실물을 받았을 때가 매번 가장 기억에 남아요. 같이 고생하고 서로 축하해주면서 한 시즌이 잘 끝났구나 하는 큰 감정이 밀려오는 게 마약 같기도 해요. 좀 더 길게 보면 멤버들과의 대화가 잔잔히 보람을 줘요.

SOFA를 하면서 사회적 입장이 달라진 분들도 (학생에서 직장인으로, 신입에서 중간관리자로, 직원에서 소장으로 등) 있는데, 이에 따라서 SOFA에서 기대하는 바가 달라진 것이 있나요?

❶ 질문과 무관할 수도 있는데요. 이제 우리가 업계의 좋은 선배들이 되었으면 좋겠다는 욕심은 좀 있어요. 걱정하지 말라고 한마디만 해 주면 불안이 해소될 때가 있잖아요. 그 정도의 도움은 줄 수 있으면 좋겠어요. SOFA의 실무자들이 이제 일 시작하는 회원에게 그런 거 걱정 안 해도 된다고 응원하고, 시간이 좀 지나서 응원을 들었던 회원분이 전에 들었던 말이 다 맞다고 힘을 주고받는 게 저는 참 좋아 보이더라고요.

❺ 할머니가 될 때까지 SOFA를 하려면 다른 여성 건축인들이 기댈 수 있는 좋은 사람이 되어야겠다고 생각했어요. 그러려면 고집도 버리고 다른 세대도 이해하는 포용력이 있으면서도 아닐 땐 아니라고 이야기하고 때로는 싸울 줄도 아는 사람이 되어야겠다는 생각이 들어요. SOFA가 그런 사람들의 모임이 된다면 얇고 길게 갈 수 있지 않을까요.

나가며

돌봄은 진행 중

지난 몇 달간 우리는 돌봄에 대해 탐구했다. 탐구가 이어지는 과정에서도 여전히 우리는 누군가를 돌보거나 누군가에 의해 돌봄을 받고 있었다. 지금 우리는 무엇을 돌보고 있을까?

나는 요즘 이 책을 돌본다

편집장에게 일반적으로 요구되는 자질을 전혀 갖추지 못한 채로 나는 「SOFA」 5호를 약 6개월 동안 '돌보면서' 정신없는 시간들을 보냈다. 하지만 마감하고 있는 이 순간, 잠깐의 허락되지 않은 여유를 갖고 되돌아보면, 내가 이 책을 돌본게 아닌 것 같다. 이 책이 나를 돌봤다. 자꾸 내가 앞으로 뭘 돌보고 살아가고 싶은지 생각하게 했다. '그래서 넌 어떻게 살 건데?'를 계속 물어봐줬던 이 책이 무척 고맙다. _ 진

나는 요즘 동네 고양이들을 보살핀다

매일 동네 산책을 다니며 길고양이들에게 사료를 주고 있다. 집 앞에 찾아 오는 고양이에게는 츄르(간식)도 줬더니, 오늘 새끼 한 마리를 데려왔다. _ 승현

나는 요즘 불안을 돌본다

드디어 원하던 기점에 섰는데, 왜인지 모르게 자꾸만 초조하다. 그래서 여기까지 오는 과정을 돌아보면 또 문제라고 생각되는 부분은 없다. 결국 늘 등장하는 불확실성과 마음의 문제이다. _ J

나는 요즘 우리 집을 돌본다.

자취를 시작한 지 3년 차, 이제 뭐든 척척 해내는 자취 천재가 된 것 같다. 20살, 자취 초기에는 혼자 자는 것도 서럽고 청소도 힘들고 모든 게 처음이었다. 이젠 요리를 해 친구들도 초대하고, 집도 꾸민다. 혼자서 이불 빨래도 잘하는 자취 천재가 되었다! 그러나 화장실 청소는 아직 힘들다. _ 다현

나는 요즘 꽁냥이를 돌본다

꽁냥이는 다섯 살 정도 되었고 우리 집에 온 지는 벌써 4년이 지나간다. 아직 어린이 같은 이 아이가 지난 여름부터 구토하기 시작했다. 고양이의 구토는 잦은 일이긴 하지만, 정도가 심해서 병원에 갔다. 안타깝게도 명확한 원인은 발견되지 않았고 구토 억제제만 잔뜩 받아왔다. 두어 달이 지난 지금은 약을 먹으면 48시간 정도 토를 하지 않는다. 요즘 나는 이 아이가 더 이상 토하지 않게 안위를 살피고 있다. _ 채야

나는 요즘 <u>내가 먹는 것을</u> 돌본다

남은 식재료에 대해 유통기한 확인을 하면서 식단을 구성하는 것, 레시피를 알아보고 재료를 구입하는 노력, 요리를 하는 시간, 완성된 음식을 여유롭게 즐기고 뒷정리할 시간까지 확보한다는 것은 사실 쉬운 일은 아니다. 하지만 무엇 하나 내 마음대로 되지 않는 세상에서 무언가 내 통제안에 있다는 느낌이 나에게 만족감을 주는 것 같다. 그리고 음식은 기본적으로 사 먹는 것으로 생각했던 내가, 내 순수한 노동의 대가로 연금술처럼 생성된 음식을 보면 나의 노력은 배신하지 않는다는 기쁨을 주는 것 같다. _ 민주

나는 요즘 <u>나를</u> 돌본다

매년 환절기를 힘들게 보낸다. 관절은 이유 없이 욱신거리고, 겨드랑이엔 무엇이 꽉 낀 것 같고, 목은 칼칼해 뭐라도 뱉어내고 싶다. 은근하고 미지근하게 불편한 상태에서 얼른 벗어나고 싶지만 내 몸에서 탈출할 수도 없는 노릇이다. 에휴 모르겠다. 그래서 출근만 한다. _ 가연

나는 요즘 <u>타인을</u> 돌본다

휠체어를 접지 못해 한참 애먹었다.

돌보다. 사랑하는 마음으로? 그보다 당신과의 관계를 끊임없이 떠올리는 과정이 아닐까? _ 선진

나는 요즘 <u>엄마에게 전화를</u> 자주 한다

호주 여행 후 엄마와 더 가까워졌다. 전화도 자주 걸고 틈나는 대로 찾아가 함께 식사한다. 엄마는 매번 "우리 예쁜 딸~"하고 반갑게 전화를 받으신다. _ 문마닐

나는 요즘 나를 돌본다

지난 초여름, 글쓰기에 힘이 완전히 빠졌었다. 이번 글이 나에게는 나 자신을 돌보는 과정으로서, 재활운동이었다. 몸도 마음도 무너졌던 나를 다시 일으키고 세우고 어르고 달래서 겨우 다시 글을 쓰고 있다. 내가 지금 현재 어디쯤에 와 있는지, 어떤 상태인지, 위장은 얼마나 차 있고 지금 무엇을 원하는지 혼자 곰곰이 생각해본다. 나는 정말 복잡하고 쉽게 알 수 없으며 새롭고 놀랍다. 이 근육 저 근육 늘려보고 힘을 써본다. 으라차차는 아니더라도 차차 무엇이든 진행이 될 것이다. 겁먹지 말고 나아가자. _ 재희

나는 요즘 나의 수영 감각을 돌본다

킥 판을 놓고 수영하는 걸 터득한 것이 최근 나에게 가장 큰 사건이다. 오랜 시간 물이 무서워 킥 판 잡고 허우적대거나 돌고래처럼 내 옆을 지나가는 수영인들의 기세때문에 혼자 겁먹고 침몰하곤 했다. 올여름 조카들과 시골 수영장에서 시간을 보내면서 수영을 터득하게 된 것! 이 감각을 잊지 않기 위해 노력 중이다. 어푸어푸 _ 최지원

나는 요즘 나의 자신감을 돌본다

길게 보고, 원하는 것을 향해서 뚜벅뚜벅 내가 현재 할 수 있는 것을 하나씩 해나가려는 중이다. 할 수 있다. _ 주희

나는 요즘 좋은 마음을 돌본다

무엇을 하든지 좋은 마음을 나야 한다는 생각이 든다. 그렇지 않으면 나도 다치고 상대방도 다치는 것 같다. 좋은 마음을 내기 위해 좋은 마음이 계속 생겨날 수 있도록 좋은 마음을 돌본다. _ 유선

나는 요즘 사방으로 튀는 내 마음을 돌본다

이리저리 굴러가는 세상을 보고 있자면 타노스가 손가락을 튕기는 그날을 나도 모르게 바라게 되는 것 같다. 괜찮다가도 마음이 아리고 잘 걷는가 싶다가도 눈앞이 깜깜해져 일하며 보내게 되는 시간들을 생각한다. 내가 주인이 되어서 내 시간을 쓰고 싶다. 좀 더 지혜롭게 마음을 돌보고 싶다. _ 재빈

나는 요즘 일상을 돌본다

요즘 나의 일상은 감히 완벽하진 않지만, 가히 만족스럽다.

과거를 추억하되 그리워하진 않는다. 격동적이진 않으나 잔물결을 그리며 나아간다. 어쩌면, 미처 피할 용기가 없어 만부득이 즐기는 중일 수도…. 그럼에도 아쉬움은 뒤로한 채 후회는 없게, 그렇게 사랑을 안고 살아가야지. _ 수민

나는 요즘 건강을 돌본다

운동을 하고 나면 다음 날 스멀스멀 찾아오는 근육통에 짜릿함을 느낀다. 근육통이 없으면 왠지 아쉬운 마음을 느끼며 꾸준히 운동하려고 노력 중이다. 모두 건강하게 지내요! _ 정인

SOFA 5 혼자이지 않은 건축: 돌봄을 돌아봄

초판 1쇄 2024년 10월 11일

지은이   SOFA 편집팀
편집장   장유진
전자우편   sofarchitects@gmail.com

펴낸곳   잉어프레스
펴낸이   김다예
출판 등록   2019년 10월 7일(제 2019-000274호)
주소   서울시 용산구 후암동 412-8 1층
전자우편   inger.seoul@gmail.com
홈페이지   ing-er.com

ISBN   979-11-968838-5-0